高 等 学 校 教 材

食品科学与工程专业
实验与实训

彭元怀　朱国贤　主编

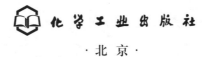

化学工业出版社

·北京·

《食品科学与工程专业实验与实训》共分两个部分，上篇为实验，内容涉及果蔬制品加工、粮油制品加工、畜产品加工和食品生产常用设备参数测定，共十九个实验；下篇为实训，内容涉及豆奶生产、葡萄酒生产、酒精精馏、热风干燥、过滤操作和尾气吸收，共六个实训操作。这些实验和实训，能够帮助学生更好地理解和掌握食品加工理论知识，巩固理论课的学习效果；同时也有助于学生熟练掌握食品工厂常用加工设备的操作及常见故障的处理、排除方法，使毕业生进入生产企业后能够快速融入企业的生产实际，缩短适应期。

　　《食品科学与工程专业实验与实训》可作为高等院校食品科学与工程专业的实验和实训用教材，也可作为食品专业的学习参考用书。学生学习本教材须具有食品工程原理、食品机械与设备和食品工艺学等先修课程的基础。

图书在版编目（CIP）数据

食品科学与工程专业实验与实训/彭元怀，朱国贤主编. —北京：化学工业出版社，2017.7
高等学校教材
ISBN 978-7-122-29549-1

Ⅰ.①食… Ⅱ.①彭…②朱… Ⅲ.①食品科学-实验-高等学校-教材②食品工程学-实验-高等学校-教材
Ⅳ.①TS201-33

中国版本图书馆 CIP 数据核字（2017）第 087868 号

责任编辑：杜进祥　　　　　　　　　　　　文字编辑：孙凤英
责任校对：宋　玮　　　　　　　　　　　　装帧设计：韩　飞

出版发行：化学工业出版社（北京市东城区青年湖南街 13 号　邮政编码 100011）
印　　装：三河市延风印装有限公司
787mm×1092mm　1/16　印张 8　字数 192 千字　　2017 年 7 月北京第 1 版第 1 次印刷

购书咨询：010-64518888（传真：010-64519686）　　售后服务：010-64518899
网　　址：http://www.cip.com.cn
凡购买本书，如有缺损质量问题，本社销售中心负责调换。

定　　价：26.00 元

前　言

　　随着我国食品工业的发展和食品加工技术的进步，食品行业对食品专业本科毕业生提出了新要求：能够快速实现从校园到企业的角色转换，融入企业的生产实际。因此不仅需要学生具有扎实的理论基础，同时对学生的动手能力也提出了更高的要求：毕业生在对食品生产设备的工作原理有较好理解的基础上，能够快速、熟练掌握常规食品生产机械设备的生产操作。这与现有的本科教学理念有所出入，通常本科教学比较重视理论基础的学习，偏重于讲授机器设备的工作原理，而对设备操作实训的重视力度不够，因此使高校的培养计划与社会需求有所脱节，也使大学毕业生在步入社会初期有一定程度的迷茫。

　　编者在进行大量调研的基础上，根据企业需要和高校教学现状，总结近年来食品专业课程建设与改革经验，编写了《食品科学与工程专业实验与实训》教材，以满足各院校食品类专业建设和相关课程改革的需要，提升高校食品专业培养计划与企业需求的契合度。

　　本教材分为两部分，上篇为实验，通过实验操作，加深学生对理论知识的理解，巩固理论课的学习效果，为学生从事食品专业工作做好铺垫；下篇为实训，重点介绍食品加工过程中用到的工艺设备的组成、操作注意事项，让学生能够结合生产设备实体，加深对抽象设备的理解，培养学生的空间思维，锻炼实际动手能力和操作技能，缩短知识转化周期；突出本科教学的实训实践，为培养高素质、实干型工程技术人才打下基础。

　　本教材的编写参考了不少国内食品加工实验教材和食品加工文献资料，列于书中参考文献部分，编者对相应作者表示衷心感谢！

　　本教材由彭元怀、朱国贤主编，王标诗、胡小军、江敏、杨娟、刘淑敏、金蓓等老师先后参加了部分编写工作，彭元怀负责全书统稿。在教材内容的编排和编写工作中得到院、系、室领导的支持和关心，并提出了宝贵意见。本书的出版得到化学工业出版社的热情帮助和精心指导。在此，我们一并表示衷心的感谢。

　　由于编写时间和编者知识水平有限，书中难免有疏漏之处，恳请读者批评指正，以便不断修改，更臻完善。

编者

2017 年 1 月

→ 目 录

绪　　论

0.1　食品科学与工程专业实验与实训的目的要求

0.1.1　课程学习目的

"食品科学与工程专业实验与实训"是学生在学习完"食品工程原理"、"食品机械与设备"和"食品工艺学"理论课内容后的一门实践课程,主要由食品科学与工程专业实验和食品科学与工程专业实训两部分内容组成。通过"食品科学与工程专业实验与实训"的学习,使学生了解和掌握食品加工的基本原理、常用食品机械与设备的操作与常见故障的排除方法;了解食品单元操作设备的基本原理及物理参数的测定;培养正确记录实验现象和数据、正确处理和分析实验结果的能力,为后续课程的学习、毕业论文(设计)及生产实习奠定基础。

0.1.2　课程学习基本要求

(1) 实验预习　预习的主要内容包括:

① 准备一本预习报告(实验记录)本。

② 了解实验目的,透彻理解实验原理,借助示意图及文字说明初步了解实验装置、实验需用的仪器(结构及使用方法),特别要熟记注意事项。

③ 熟记实验步骤。

④ 参考教材,自行设计实验数据记录表格。

⑤ 在以上基础上写出预习报告。预习报告要求用自己的简洁语言指明实验目的、实验原理(列出计算公式)、简明实验步骤、必要的实验装置图、数据记录表格、注意事项、疑难问题等,切忌照抄教材。

经过充分预习和根据预习报告,应能不再依赖教材完成整个实验操作。

(2) 实验操作与实训

上篇:食品科学与工程专业实验:按照教材所列步骤及时、有序地进行实验操作;也可以借鉴其他参考教材适当地改进实验步骤。

下篇:食品科学与工程专业实训:实验前首先检查仪器、试剂及其他实验用品是否符合实验要求,做好实验的各项准备工作,然后按照要求调试设备,进行实验。

在实验操作过程中,要严格控制实验条件,仔细观察和分析实验现象,客观、正确地记录原始数据(原始数据还包括实验日期、室温、大气压、实验条件、仪器型号与精度)。原始数据不能用铅笔记录，更不能涂改。

实验中发现异常情况或遇到故障应及时排除，实验者本人不能排除时，立即报告指导教师或实验技术人员，及时采取措施。

实验结束后要整理和清洁实验所用仪器，经实验指导教师审查实验数据、验收实验仪器和用品，并在原始数据记录本上签字后方能离开实验室。

（3）实验报告　实验报告的内容包括，上篇，食品科学与工程专业实验：实验目的，实验原理，操作步骤，实验结果评价、讨论，思考题；下篇，食品科学与工程专业实训：实训目的、简明原理及装置、仪器和试剂、实验步骤、实验数据及处理（列出原始数据、计算公式、计算示例、作出必要的图形）、实验结果或结论、分析和讨论、参考资料。

实验完成后，在尽可能短的时间内安排专门时间完成实验报告。写实验报告时要不厌其烦，耐心计算、规范作图，重点放在对实验数据的处理和实验结果的分析讨论上。

实验结果讨论部分包括：对实验现象的分析和解释、实验结果的误差及误差来源分析、实验后的体会等。实验结果的讨论是报告的重要部分，此环节锻炼学生分析、思考、归纳及综合运用所学知识解决问题的能力，学会发现或提出问题，然后能自圆其说，给予科学合理的解释。不要以简单地回答思考题来代替对实验结果的讨论。一份没有讨论的实验报告是一份不合格的报告。

一份好的实验报告应该实验目的明确、原理清楚、数据准确、图表合理、美观、结果正确、分析透彻、讨论深入、结构完整、语言表达准确、简洁等，具备科学性和可读性。

0.2　实验室安全

化学实验室的安全隐患主要有爆炸、着火、中毒、灼伤、割伤、触电、辐射等。只要实验操作人员具有全面的专业知识、良好的工作作风、强烈的安全意识，规范操作，基本上可以杜绝由于无知、粗心大意等主观因素造成的诸如用电不慎、使用化学试剂不当、高温高压失控、错误操作仪器设备等安全事故。每一个实验工作者必须牢记的是，无论何时何地进行实验，都应把安全放在首位！本节结合食品科学与工程专业实验与实训的特点有选择性地介绍安全用电的有关知识。

食品科学与工程专业实验与实训用电较多，特别要注意安全用电。

（1）保护接地和保护接零　在正常情况下电器设备的金属外壳不导电，但设备内部的某些绝缘材料若损坏，金属外壳就会导电。当人体接触到带电的金属外壳或带电的导线时，会有电流流过人体。带电体电压越高，通过人体的电流越大，对人体的伤害也越大。当大于10mA 的交流电或大于50mA 的直流电通过人体时，就可能危及生命安全。我国规定 36V（50Hz）的交流电是安全电压。超过安全电压的用电就必须注意用电安全，防止触电事故。为防止发生触电事故，要经常检查实验室用的电器设备是否漏电、用电导线有无裸露和电器设备是否附有保护接地或保护接零措施。

① 设备漏电测试　检查用电设备是否漏电，使用试电笔最为方便。它是一种测试导线和电器设备是否漏电的常用电工工具，由笔端金属体、电阻、氖管、弹簧和笔尾金属体组成。大多数将笔尖做成改锥形式。若把试电笔尖端金属体与带电体接触，笔尾金属端与人的手部接触，氖管就会发光，而人体并无不适感。氖管发光说明被测物带电。这样，可及时发现设备是否漏电。试电笔在使用前应在带电的导线上预测，检查是否正常。

用试电笔检查漏电，只是定性检查，判断漏电程度必须使用其他仪表检测。

不能用试电笔去试高压电。使用高压电源应有专门的防护措施。

② 保护接地　保护接地是用一根足够粗的导线，一端接在设备的金属外壳上，另一端接在接地体上（专门埋在地下的金属体），设备外壳通过导线与大地连为一体。一旦发生漏电，电流通过接地导线流入大地，降低外壳对地电压。当人体触及带电的外壳时，人体相当于接地电阻的一条并联支路，由于人体电阻远远大于接地电阻，所以通过人体的电流很小，避免了触电事故。

③ 保护接零　保护接零是把电器设备的金属外壳接到供电线路体系中的中性线上，而不需专设接地线与大地相连。这样，当电器设备因绝缘损坏而碰壳时，相线（即火线）、电器设备的金属外壳和中性线就形成一个"单相短路"的电路。由于中性线电阻很小，短路电流很大，会使保护开关动作或使电路保护熔断丝断开，切断电源，消除触电危险。

在采用保护措施时，必须注意不允许在同一体系上把一部分设备接零，另一部分用电设备接地。

（2）实验室用电的导线选择　实验室用电或实验流程中的电路配线，设计者要提出导线规格。导线选择不当会在用电过程造成危险。导线种类很多，不同导线和不同配线条件下都有安全截流值规定，可在有关手册中查到。

合理配线的同时还应注意保护熔断丝选配恰当，不能过大也不应过小。过大失去保护作用，过小则在正常负荷下会熔断而影响工作。

（3）实验室安全用电规则

① 实验前先了解室内总电闸和分电闸的位置，以便出现事故时及时切断电源。

② 电器设备维修时必须停电作业。

③ 带金属外壳的电器设备都应该保护接零，定期检查是否连接良好。

④ 导线的接头应紧密牢固。接触电阻要小。裸露的接头部分必须用绝缘胶布包好，或用绝缘管套好。

⑤ 所有电器设备在带电时不能用湿布擦拭，其上更不能有水滴。不用湿手接触带电体。

⑥ 严禁私自加粗保险丝或用铜、铝丝代替。熔断保险丝后，一定要查找原因，消除隐患，再换上新保险丝。

⑦ 电热设备不能直接放在实验台上使用，必须用隔热材料架垫，以防着火。

⑧ 发生停电时必须先切断所有电闸，防止人员离开后，再供电使电器设备在无人监管下运行。

⑨ 如遇电线起火，立即切断电源，用沙或二氧化碳、四氯化碳灭火器灭火，禁止用水或泡沫灭火器等导电液体灭火。

⑩ 离开实验室前，切断室内总电源。

（4）电器仪表的安全使用

① 使用前先了解电器仪表要求使用的电源是交流电还是直流电；是三相电还是单相电以及电压的大小（如380V、220V、6V）。须弄清电器功率是否符合要求及直流电器仪表的正、负极。

② 实验前要检查线路连接是否正确，经教师检查同意后方可接通电源。

③ 在使用过程中如发现异常，如不正常声响、局部温度升高或嗅到焦味，应立即切断电源，并报告教师进行检查。

上 篇

食品科学与工程专业实验

实验一

果蔬加工预处理

果蔬加工前的预处理技术，对其制成品的生产影响很大，如果处理不当，不但会影响产品的质量和产量，而且会对以后的加工工艺造成影响。

果蔬加工预处理包括选别、分级、清洗、去皮、切分、修整、烫漂、硬化和抽空等工序。在这些工序中，去皮后还要对原料进行各种护色处理，以防原料发生变色而品质变劣。尽管果蔬种类和品种各异，组织特性相差较大，加工方法亦有所不同，但加工前的预处理过程却基本相同。

一、果蔬碱液去皮

（一）实验目的
掌握果蔬碱液去皮的操作技术。

（二）实验原理
果蔬去皮方法包括人工去皮、机械去皮、碱液去皮、热力去皮、真空去皮、冷冻去皮、酶法去皮等。其中碱液去皮是果蔬原料去皮中应用最广的方法，其原理是通过碱液对表皮内的中胶层溶解，从而使果皮分离，表皮所含的角质、半纤维素具有较强的抗腐蚀能力，中层薄壁组织主要由果胶组成，在碱的作用下，极易腐蚀溶解，碱液掌握适度，就可使表皮脱落。碱液去皮适应性广，几乎所有的果蔬都可以用碱液去皮，且对原料表面不规则、大小不一的原料也能达到良好的去皮效果；掌握适度时，损失率少，原料利用率高；节省人工、设备。

影响碱液去皮效果的因素主要有：碱液的浓度、温度和作用时间。浓度、温度和时间呈相反关系，即浓度大、温度高则所用时间短，温度高、时间长又可降低使用浓度，如果浓度和时间确定，要提高去皮效率只有提高温度。但若温度、浓度过高而浸煮时间过长，则碱液浸透到果蔬组织内部，使果肉损失过多，组织表面粗糙不平。良好的脱皮结果应是果实表面不留皮的痕迹，皮层以下不糜烂，只需用水冲洗、略加揉搓表皮即可脱离。

各种果品脱皮的难易与其种类、品种关系很大，即使是同一品种，因成熟度不同，脱皮的难易也不一致，在生产中，必须先做小型实验，确定碱液浓度和浸煮时间才能大规模进行。常用的碱为氢氧化钠（廉价）、氢氧化钾、碳酸钠、碳酸氢钠等。常见果蔬的碱液处理条件见表 1-1。

表 1-1 几种水果对浓度和时间的要求

种类	碱液浓度/%	浸煮时间
桃子	2～6	30～60s
葡萄	2～2.5	30～60s
苹果	4	3min

经碱液处理以后的果蔬应立即投入冷水中或稀酸溶液中洗涤，以除去碱液。如洗碱不净，果实易发生变色。

（三）材料与用具

苹果、桃、NaOH、HCl、甲基橙、酚酞、不锈钢锅、漏勺、电炉、烧杯、滴定管、三角瓶。

（四）操作流程

（五）操作要点

（1）选择完整的果实称重。

（2）将称过的果实放于 70～80℃的水中，烫漂 2～8min。

（3）配制碱液：按照各种果实碱液脱皮所需浓度配制碱液。

（4）碱液浓度的测定及调整：浓度的测定法，取碱液 5mL，稀释至 250mL，取 5mL 稀释液加入无二氧化碳的蒸馏水 20～30mL，加酚酞 2～3 滴作指示剂，徐徐滴入摩尔浓度为 c 的 HCl 标准溶液至无色，记下滴入的毫升数。

碱液浓度计算： 碱液中的 NaOH 浓度＝$(Vc \times 40b \times 100)/(Ba)$

式中 　V——滴定所用 HCl 体积，mL；

　　　c——滴定所用 HCl 摩尔浓度，mol/L；

　　　a——待测碱液取样体积，mL；

　　　b——碱液稀释总体积，mL；

　　　B——滴定时所用碱体积，mL；

　　　40——氢氧化钠的摩尔质量，g/mol。

（5）煮沸碱液，在沸腾时将烫漂过的果实投入碱液中作脱皮处理。

（6）处理后迅速取出用清水洗碱，并揉搓去皮，然后称重。

注意事项

1. 碱处理时，应经常保持碱液呈沸腾状态。

2. 碱液浓度应在每次使用前进行测定，浓度过低时，应加碱补充。

3. 准备冷水并加少许盐酸，以便洗涤果面残留的碱液。

思考题

1. 填写下表

材料	碱液浓度	浸煮时间	去皮前重	去皮后重	脱皮情况（外观描述）

2. 计算所测果蔬的去皮损失。

$$去皮损失＝[1－（去皮厚重/去皮前重）]×100\%$$

3. 对果蔬进行人工去皮，计算去皮损失，与碱液去皮对照。

二、果蔬烫漂处理

果蔬的烫漂，生产上常称预煮，是指将已切分的或经其他预处理的新鲜果蔬原料放入沸水或热蒸汽中进行短时间的热处理。

（一）实验目的

掌握果蔬烫漂处理的操作技术。

（二）实验原理

果蔬中存在多种酶，如过氧化物酶、过氧化氢酶、抗坏血酸氧化酶、多酚氧化酶、果胶酶等，其中过氧化物酶可使过氧化物分解，游离出分子状态的氧，游离态的氧又可进一步氧化其他物质；过氧化氢酶将过氧化氢分解为水和分子状态的氧；抗坏血酸氧化酶可把抗坏血酸氧化成黄褐色的脱氢抗坏血酸；多酚氧化酶使酚类物质氧化产生黑色素；从而影响果蔬在加工贮藏过程中的品质。蔬菜的烫漂方法主要有两种：热水烫漂和蒸汽烫漂。

烫漂所需温度的高低、时间长短与原料品种、规格、成熟度、烫漂时蔬菜的投入量有关。烫漂过程中，升温速度越快越好，如温度上升缓慢，在酶破坏之前，维生素、糖、无机盐等可溶性成分损失较大。在生产实践中，烫漂温度和时间一般通过蔬菜中过氧化物酶的失活程度来确定，由于过氧化物酶的耐热性比较强，因此在检测果蔬中酶的活性时，主要根据过氧化物酶的变色反应来判断酶被破坏或抑制的程度，借以衡量烫漂是否足够及所需时间的长短。部分速冻蔬菜的烫漂温度和时间见表 1-2。

表 1-2 部分速冻蔬菜的烫漂温度和时间

蔬菜种类	烫漂温度/℃	烫漂时间/min	蔬菜种类	烫漂温度/℃	烫漂时间/min
芹菜	100	1.5～2.0	芦笋	96～100	0.5～1.0
蚕豆	100	0.5～1.0	毛豆	93～100	3.0～5.0
豇豆	100	1.5～2.0	青刀豆	93～100	1.5～2.0
胡萝卜	100	1.0～3.0	蘑菇	95～100	3.0～5.0
青椒	100	2.0～3.0	甜玉米	100	3.0～4.0

（三）检验烫漂效果的两种方法

1. 切面接触法

（1）试剂　0.1%的愈创木酚-乙醇溶液（50%的乙醇溶液为溶剂）；0.1%的联苯胺；

0.3％的过氧化氢溶液。

（2）测定方法　用刀将烫漂过的蔬菜横向切开，立即浸入 0.1％的愈创木酚-乙醇溶液或 0.1％的联苯胺溶液中，片刻取出，在切面上滴 3 滴质量分数为 0.3％的过氧化氢溶液，4～5min 后观察其变色情况。若愈创木酚溶液处理后仍成红褐色，或与联苯胺反应呈深蓝色，即表示烫漂不完全；如两者均未变色，则表示酶已失活。检测时选用上述哪种溶液，主要以蔬菜本身的色泽为依据，如橙红色的胡萝卜不宜用愈创木酚而宜用联苯胺，对于淡色蔬菜则两种试剂均可，如青豌豆用愈创木酚试剂反应呈现红褐色，用联苯胺试剂反应呈棕褐色，最终变为黑蓝色。

2. 试管加液法

（1）试剂　0.1％的愈创木酚-乙醇溶液（50％乙醇溶液为溶剂）；0.3％的过氧化氢溶液。

（2）测定方法　取若干试样，放在容积为 24mL 的试管中，加入 20mL 蒸馏水、1mL 质量浓度为 0.1％的愈创木酚-乙醇溶液和 0.7～1.0mL0.3％的过氧化氢溶液，摇动，并注视试样颜色的变化。试管中试样迅速变成深暗的红褐色时，说明有过氧化物酶存在，烫漂不足；试样缓缓地变为淡红色，说明过氧化物酶已被局部钝化；若看不到有任何变色情况，说明过氧化物酶已被完全破坏。

（四）工艺流程

原料选择 → 去皮、去核（此步骤可选择）→ 切分 → 烫漂 → 冷却 → 后序加工

注意事项

1. 烫漂容器要大，这样投入一定量的蔬菜后，热水与蔬菜能够充分接触，烫漂效果较好，维生素 C 损失也少，叶菜类烫漂时，应根朝下，叶朝上，先烫根部再烫叶部。有些蔬菜如蘑菇、菜花等，遇铁制容器会变色，故最好采用不锈钢蒸汽夹层锅进行烫漂。

2. 烫漂后的蔬菜应立即冷却，一般可采用冷水冲淋冷却或机械冷却池冷却。

3. 烫漂不足，氧化酶未被完全钝化，仍有残留活性酶，由于烫漂过程已使蔬菜组织遭到一定程度的破坏，因此增大了酶与蔬菜的接触，促进了产品的酶褐变反应，使蔬菜质地变硬，色泽、风味变差，且易使速冻蔬菜在贮藏过程中变色、变味、质量下降、贮藏期缩短，而且比未烫漂就冻结的蔬菜发生的变化更大。

4. 烫漂过分，氧化酶已被完全钝化，由于烫漂时间长，蔬菜组织遭到严重破坏，如青刀豆，烫漂温度过高，又不及时冷却，青刀豆中原有果胶酶的活性很快被破坏，使豆荚中高甲氧基水溶性果胶的比例增加，随着中胶层的增溶作用，可引起细胞部分分离，表皮与内组织细胞黏着性减弱，严重的可引起豆荚组织软烂、破碎。因此合理科学地掌握烫漂时间和温度显得十分重要。

5. 少数品种的蔬菜不需烫漂，如一些含有特殊挥发性香味的蒜米、洋葱、芹菜、韭菜等。为避免这些蔬菜的香味损失，通常不进行烫漂。但应注意，前处理速度要快，在前处理过程中要加大水的冲洗量，以快速洗去其剥皮面或切断面上残留的氧化酶，防止其与切断面上损伤的细胞内基质接触而引起褐变；还要注意速冻后的密封包装，减少氧化作用的发生。

思考题

1. 烫漂终点如何判定？
2. 烫漂不足或烫漂过度对果蔬有哪些不利影响？
3. 在果蔬罐制、干制冷冻及腌制加工中烫漂各有何作用？
4. 实际生产中如何减少烫漂过程中易出现的可溶性固形物损失？
5. 荸荠、蘑菇罐头加工时常在烫漂水中加入一定浓度的柠檬酸，有何作用？

三、果蔬的护色处理

（一）实验目的

掌握果蔬护色处理的操作技术。

（二）实验原理

果蔬去皮和切分之后，与空气接触会迅速变成褐色，从而影响外观，也破坏了产品的风味和营养品质，这种褐变主要是酶促褐变。由于果蔬中的多酚氧化酶氧化具有儿茶酚类结构的酚类化合物，最后聚合成黑色素所致。其关键的作用因子有酚类底物、酶和氧气。因为底物不可能除去，一般护色措施均从排除氧气和抑制酶活力两方面着手，延缓果蔬加工过程中因酶促褐变而导致果蔬品质下降。

（三）常见的果蔬护色方法

1. 烫漂护色

烫漂可钝化活性酶、防止酶促褐变、稳定或改进色泽。

2. 食盐溶液护色

将去皮或切分后的果蔬浸于一定浓度的食盐溶液中可护色。原因：①食盐对酶活力有一定的抑制和破坏作用；②氧气在盐水中的溶解度比空气小，故有一定的护色效果。果蔬加工中常用 1%～2% 的食盐水护色。桃、梨、苹果及食用菌类均可用此法。但蘑菇也用近 30% 的高浓度盐渍并护色。用此法护色应注意漂洗净食盐，特别是对于水果尤为重要。

3. 亚硫酸盐溶液护色

亚硫酸盐既可防止酶促褐变，又可抑制非酶促褐变，效果较好。常用的亚硫酸盐有亚硫酸钠、亚硫酸氢钠和焦亚硫酸钠等。罐头加工时应注意采用低浓度，并尽量脱硫，否则易造成罐头内壁产生硫化斑。但干制等可采用较高的浓度。

4. 有机酸溶液护色

有机酸溶液既可降低 pH 值、抑制多酚氧化酶活性，又可降低氧气的溶解度而兼有抗氧化作用，大部分有机酸还是果蔬的天然成分，所以优点甚多。常用的有机酸有柠檬酸、苹果酸或抗坏血酸，但后两者费用较高，故除了一些名贵的果品或速冻果品使用外，生产上一般都采用柠檬酸，浓度为 0.5%～1%。

5. 抽空护色

某些果蔬如苹果、番茄等，组织较疏松，含空气较多，对加工特别是罐藏不利，易引起氧化变色，需进行抽空处理。所谓抽空是将原料置于糖水或盐水等介质里，在真空状态下，使内部的空气释放出来。果蔬的抽空装置主要由真空泵、气液分离器、抽空罐等组成。果蔬抽空的方法有干抽和湿抽两种方法，分述如下：

（1）干抽法　将处理好的果蔬装于容器中，置于 90kPa 以上的真空罐内抽去组织内的空气，然后吸入规定浓度的糖水或水等抽空液，使之淹没果面 5cm 以上，当抽空液吸入时，应防止真空罐内的真空度下降。

（2）湿抽法　将处理好的果实，浸没于抽空液中，放在抽空罐内，在一定的真空度下抽去果肉组织内的空气，抽至果蔬表面透明为度。果蔬所用的抽空液常用糖水、盐水、护色液三种，视种类、品种、成熟度而选用。原则上抽空液的浓度越低，渗透越快；浓度越高，成品色泽越好。

（四）工艺流程

原料选择 → 去皮、去核 → 切分 → 护色 → 清洗

思考题

1. 在果蔬罐制、干制冷冻及腌制加工中烫漂各有何作用？

2. 护色有哪些方法？

3. 实际生产中如何减少硫护色过程中易出现的果蔬褐色问题？

实验二

果蔬干制品的加工

一、实验目的

掌握果蔬干制的基本工艺流程和技术关键,计算出品率。

二、实验原理

果蔬干制是指将果蔬升温,排除内部一定量的水分而不改变果蔬原有风味的加工方法。其目的是通过自然或人工干燥减少果蔬中的水分,使制品中可溶性物质的浓度提高到微生物难以利用的程度,同时本身所含的酶的活性受到抑制,从而使产品得以长期保存。

三、材料与用具

果蔬原料、亚硫酸钠、烘箱、浸硫用具、面盆、刀、案板、烘盘。

四、制作方法

(一) 苹果干

1. 工艺流程

原料选择 → 清洗 → 去皮、去芯 → 切片 → 护色 → 烫漂 → 冷却沥干 → 烘干 → 回软 → 分级 → 包装 → 保藏

2. 操作要点

(1) 原料选择 要求果实中等大,含糖量高,肉质致密,皮薄,含单宁少,干物质含量高,充分成熟,剔除烂果。以晚熟或中熟品种为宜,如国光、金帅、红星等。

(2) 切片 先对半切开,去芯后,横切成 6~7mm 的环形薄片。

(3) 护色 将切分后的苹果片迅速浸入 3%~5% 的盐水或 0.3%~0.5% 亚硫酸钠的溶液中护色 20min,以防氧化变色。

(4) 烫漂 在 95~100℃ 热水中烫漂 3~5min,立即用冷水进行冷却。

(5) 烘干 冷却好的苹果片沥干即可铺盘,以果肉不叠压为宜,装好后置可控温脱水机中烘制,温度在 60~70℃,共 5~6h。

(6) 回软 干燥后的苹果干,先堆积在一起,经 1~2d 使其内外水分一致,质地柔软。

(7) 包装、贮藏 将苹果干装在塑料袋中,抽成真空后封袋。在温度 0~10℃、相对湿

度 60％以下保藏。

3. 质量要求

（1）感官指标　苹果干的感官指标见表 1-3。

表 1-3　苹果干的感官指标

项目	指　　　标
色泽	应具有本品种果肉的色泽，白色或淡黄色
滋味及气味	具有苹果特有的滋味，无异味
组织及形态	环形片状，片厚不大于 4mm，半圆片以上的不完整片不超过 13％；籽巢片低于 10％；碎片不超过 2％。不允许有氧化片，组织富有弹性
杂质	无杂质

（2）理化指标　苹果干的理化指标见表 1-4。

表 1-4　苹果干的理化指标

项　　　目	指　　标
水分/％	＜22
残硫量/(mg/kg)	＜100

（二）脱水蒜片

1. 工艺流程

原料选择 → 切蒂、分瓣 → 去皮 → 漂洗 → 切片 → 再漂洗 → 甩水（沥干）→ 烘干 → 分级 → 包装 → 成品

2. 操作要点

（1）原料选择　选用成熟适宜，蒜瓣完整，无虫蛀、无霉烂、无变质，外观呈白色或乳白色，组织脆嫩，无强烈蒜味的大蒜为原料。

（2）切蒂、分瓣、去皮　切蒂要小心，不能伤及蒜体。分瓣要用人工剔除蒜粒外皮后进行，然后用人工去皮。

（3）漂洗　去皮后的蒜要充分漂洗，在漂洗时用人工去掉附着蒜肉上的一层透明薄膜。

（4）切片　蒜片的厚度为 1.5～1.8mm，要求厚薄均匀平整，表面光洁，无三角片、碎片。

（5）再漂洗　把切好的蒜片放入水槽漂洗 2～3 次，用清水冲掉蒜片表面的黏液和糖分，以防烘制时发生美拉德反应。

（6）甩水　用离心机将蒜片的表面附着水分甩干，时间为 2min 左右，也可以将蒜片置于筛上铺平沥干。

（7）烘干　甩水后的蒜片铺盘，然后进行烘制，温度控制为 55～56℃，至蒜片水分含量在 5％左右为宜。

（8）挑选、分级　剔除碎片及杂质，选出过厚片或过薄片，剔除发黄、发焦的蒜片。

（9）包装　分级后迅速用塑料袋包装。包装场所要干燥、通风，以避免蒜片吸水发软。

3. 质量要求

（1）感官指标　脱水蒜片的感官指标（NY/T 959—2006《脱水蔬菜根菜类》）见表 1-5。

表 1-5　脱水蒜片的感官指标

项　目	指　标	项　目	指　标
色泽	与原料固有的色泽相近或一致	复水性	95℃热水浸泡2min,基本恢复复水前的状态
形态	各种形态产品的规格应均匀一致,无黏结	杂质	无
气味及滋味	具有原料固有的气味和滋味,无异味	霉变	无

（2）理化指标　脱水蒜片的理化指标（NY/T 959—2006《脱水蔬菜根菜类》）见表1-6。

表 1-6　脱水蒜片的理化指标

项　目	指　标
水分/%	≤8.0
总灰分(以干基计)/%	≤6.0
酸不溶性灰分(以干基计)/%	≤1.5

（三）山药干

1. 工艺流程

原料选择→清洗→刨皮→切分→烫漂→冷却→沥干→铺盘→烘干→包装→成品

2. 操作要点

（1）原料选择　应选择外形圆整,表面光滑,无病虫害、无冻伤的山药块根。

（2）清洗　把山药放入水槽中浸泡10~15min,刷去表面附着泥土等杂质,再用清水冲洗一遍。

（3）刨皮、切分　用人工去皮,轻轻刨去山药表皮,切成厚度为3~4mm的薄片。

（4）烫漂　在烫漂水中加入0.1%柠檬酸,煮沸后倒入山药片,温度95℃持续5min,烫漂后立即用冷水进行冷却。

（5）烘干　将沥干后的山药片铺在烘盘上,以不重叠为宜,置于自动控温脱水机中,在50~55℃下,干燥4~5h。

（6）包装　将干燥好的山药干迅速用聚乙烯塑料包装。

3. 质量要求

（1）感官指标　山药干的感官指标见表1-7。

表 1-7　山药干的感官指标

项　目	指　标	项　目	指　标
色泽	具有山药原来的色泽,乳白或乳黄	滋味及气味	具有山药特有的滋味,无异味
组织及形态	片形完整,厚薄均匀,无碎片	杂质	无杂质

（2）理化指标　水分含量≤8%。

（四）马铃薯干

1. 工艺流程

原料选择→清洗→去皮→烫漂→切分→浸硫→铺盘→烘干→包装→成品

2. 操作要点

（1）原料选择　应选择块茎大，圆形或椭圆形，无病害，表皮薄，芽眼浅而少，肉质白色或淡黄色，干物质含量高的马铃薯块茎作原料。用于干制的原料不宜久贮，否则糖分高，制品褐变严重。

（2）清洗、去皮　马铃薯倒入清水中洗净泥沙等杂质，然后摩擦或人工去皮，再漂洗一次。

（3）烫漂　在95～100℃热水中烫漂10～20min，捞出沥干。

（4）切分　根据需要，可切成条块、薄片或方块。一般方块为1cm见方。

（5）浸硫　切分后的马铃薯用0.3%～1.0%亚硫酸盐溶液处理2～3min，立即捞出。

（6）烘干　将处理好的马铃薯丁或薄片摊放烘盘上，厚度10～20mm，置于自动控温脱水机中，温度为65～70℃。干燥后期温度勿超过65℃，完成干燥需要5～8h。含水量降低到7%以下，即已完成干燥过程。

（7）包装　将干燥好的马铃薯干装进塑料薄膜食品袋，抽真空后封口。

3. 质量要求

（1）感官指标　马铃薯干的感官指标见表1-8。

表1-8　马铃薯干的感官指标

项　目	指　标
色泽	呈淡黄色、半透明或透明
组织及形态	大小均匀，坚硬（即弯曲易折断），断面玻璃质
滋味及气味	具有马铃薯应有的滋味和气味
杂质	无杂质

（2）理化指标　马铃薯干的理化指标见表1-9。

表1-9　马铃薯干的理化指标

项　目	指　标
含水量/%	<8
残硫量/(mg/kg)	500～800

（五）葡萄干的加工

1. 工艺流程

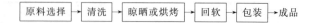

原料选择 → 清洗 → 晾晒或烘烤 → 回软 → 包装 → 成品

2. 操作要点

（1）以无核白葡萄为原料。

（2）将采收以后太大的果串剪为几小串，再将果串在1.5%～3%的氢氧化钠溶液中浸渍5s后，立即放到清水中漂洗干净。

（3）在60～70℃的烘房中烘干，干燥至果实含水量约为15%时为止。

（4）将果串用聚乙烯塑料袋包装，每袋约20kg。密封后放置15～20d，除去果梗，再用食品袋每袋500g真空包装，即为成品。

（5）产品碧绿晶莹，颗粒均匀，皮薄无核，肉质细软，风味独特。

（六）黄花菜的干制

1. 工艺流程

原料验收 → 烫漂 → 晒干 → 硫处理 → 烘烤 → 包装 → 入库

2. 操作要点

（1）原料验收　选择花蕾充分发育而尚未开放，外形饱满，颜色由青绿转黄，花蕾有弹性，花瓣结实不虚的黄花菜为原料，早晨采摘，马上加工为宜。

（2）烫漂　将花蕾采下来，立即用蒸汽烫漂 15～20min，此时花梗往下塌，色泽由深黄变成浅黄，停止加热，自然散热。

（3）晒干　将凉透的花蕾摊在竹帘、席或晒盘上晾晒，每隔 2～3h 翻动一次，2～3d 即可晒干。

（4）硫处理　在席上散放的花蕾喷以 0.5% 的亚硫酸氢钠溶液，使其漂白并增进保藏性能。

（5）烘烤　将黄花菜按 5kg/m² 装烘盘，初期 85～90℃ 高温，有利于水分蒸发，随着原料的大量吸热，烘房温度下降至 75℃ 时，保持 10h，使水分大量蒸发。然后将烘房温度降至 50℃ 直至干燥结束。同时相对湿度达到 65% 以上应立即通风排湿，维持相对湿度在 60% 以下。

（6）包装　干燥结束后自然冷却，回软均湿后的含水量为 15.5% 即可包装。用聚乙烯袋每 250g 或 500g 装一小包装。干燥率一般为（8～10）：1。

（七）杏干

1. 工艺流程

原料选择 → 清洗 → 切分 → 去核 → 熏硫 → 干制 → 回软 → 包装 → 成品

2. 操作要点

（1）原料验收　选个大、肉厚、汁少，糖高酸多、纤维素少的离核品种，如铁巴达、玉巴达等。在坚熟时采收，剔除枝叶杂质和残、伤、虫、烂果后，用水清洗干净。

（2）切瓣、去核　将杏沿缝合线用不锈钢刀对切为两瓣，去除杏核。

（3）熏硫　用为原料重 0.2%～0.3% 的硫量，浸泡或熏蒸杏，以达到护色、杀菌、灭虫以及漂白的目的。

（4）干制　开始用 60℃ 烘 4h，提高到 70℃，经 20h 基本完成，中间注意翻动及换位。干燥到用手紧握，松开后不互相粘连为止。

（5）回软　杏干冷却后，放在塑料袋内，封口，捂闷 24h，使杏干内水分达到平衡。

（6）包装入库　把冷透的杏干过秤、装袋、封箱。

（7）产品要求　良好的杏干应具有金黄或橙红的色泽，肉质柔软不易折断，皮有皱，具有弹性，酸甜可口，风味好。

思考题

1. 试述果蔬干制的基本原理。

2. 干制过程中影响产品质量的因素有哪些?

3. 果蔬干制过程中烫漂的作用是什么?

4. 果蔬干制时对原料有何要求?

5. 干制品包装前为何要进行回软处理,如何操作?

6. 果蔬干制过程中如何进行护色? 举例说明。

7. 果蔬干制过程中如何防止硬壳现象?

8. 水果护色有哪些方法? 原理是什么?

实验三

果蔬罐头的加工

一、实验目的

了解果蔬罐头的制作原理。

掌握果蔬罐头的制作方法及制作要点。

二、实验原理

果蔬罐藏是将原料经过预处理和调味后，装入特制的密封容器中，经过加热、排气、密封、杀菌等工序，使罐内微生物死亡或失去活力，并破坏原料本身所含的各种酶类的活性，防止各种氧化作用的进行；同时隔绝外界微生物再污染，从而使制品得以长期保存。

三、材料与用具

各类果蔬、白砂糖、精盐、柠檬酸、封口机、杀菌锅等。

四、实验内容

（一）糖水橘子罐头

1. 工艺流程

2. 操作要点

（1）原料选择　选择肉质致密，色泽鲜艳，风味适口，糖分含量高，糖酸比适度，充分成熟的果实，果实呈扁圆形无核或少核。适宜的品种有温州蜜柑、红橘等。

（2）分级　按果实横径大小分级，一级为45～55mm，二级为55～65mm，三级为65～75mm，或75mm以上。

（3）清洗　分级后置于水槽中洗去表面尘污。

（4）烫漂　用热水烫后宜于剥皮，水温95～100℃浸烫1min左右。

（5）剥皮、去络、分瓣　一般采用手工剥皮、去络、分瓣。

（6）酸碱处理　酸、碱浓度根据柑橘品种、果瓣大小、囊膜厚薄等因素决定。将橘瓣浸入浓度为 0.09%～0.12% 的盐酸中浸泡,温度约 20℃,时间 20min。取出后用清水漂洗,接着再投入碱液中浸泡,NaOH 浓度为 0.07%～0.09%,温度 25～40℃,时间 3～6min。

(7) 漂洗　将处理后的橘瓣放入流动清水中,漂洗 1h,以除去碱液、瓤囊壁的分解物及皮膜等。

(8) 整理、分级　除去瓤囊中心柱与核,剔出畸形瓣、软烂瓣和缺角瓣等,并将橘瓣按大中小分放。

(9) 装罐　同一罐中要求瓣形大小、色泽基本一致。按果肉装入量不得低于净重的 55% 称取橘瓣,装入经沸水消毒的玻璃罐(瓶)中,然后加入 35%～40% 的糖液,糖液温度要求在 90℃ 以上,保留顶隙 6mm 左右。为了调节糖酸比、改善风味,常在糖液中加入 0.1% 柠檬酸,使成品 pH 值为 3.7 以下。

(10) 排气、密封　加热排气,置于沸水中排气 8～10min,至罐心温度不低于 75～80℃,立即封罐。

(11) 杀菌、冷却　封罐后,在 100℃ 沸水中煮 10～15min,然后分段冷却至 38℃ 以下。

(12) 擦罐　将罐外水分擦干。

3. 质量要求

(1) 感官指标　糖水橘子罐头的感官指标见表 1-10。

表 1-10　糖水橘子罐头的感官指标

项目	指标
色泽	橘瓣表面具有与原果肉相近的光泽,色泽较一致,糖水较透明,允许有极轻微的白色沉淀及少量橘肉与囊衣碎屑存在
滋味及气味	具有本品种糖水橘子罐头应有的良好风味,酸甜适口,无异味
组织及形态	全去囊衣:囊衣去净,组织软硬适度,橘瓣形状完整,大小基本一致,破碎率以重量计不超过固形物的 10% 半去囊衣:去囊衣适度,食之无硬渣感觉,形状较饱满完整,大小基本一致,破碎率以重量计不超过固形物的 3%(每瓣破碎在 1/3 以上破碎论)
杂质	不允许存在

(2) 理化指标　糖水橘子罐头的理化指标见表 1-11。

表 1-11　糖水橘子罐头的理化指标

项目	指标
净重	每罐(瓶)允许公差±3%,但每批平均不低于净重
糖水浓度	14%～18%(以折光计)
固形物	果肉不低于净重的 55%

(3) 卫生指标　符合相应种类食品的国家卫生标准要求。

(二) 糖水桃子罐头

1. 工艺流程

2. 操作要点

(1) 原料选择　选用新鲜饱满,八九成熟,无畸形、病虫害、机械伤,果形匀称,香味浓的白肉或黄肉桃，果实横径要求在 55mm 以上。

（2）切半、去核　先将桃子表面的泥沙和桃毛洗净，用不锈钢小刀沿缝合线切下，防止切偏，然后用匙形挖核刀挖去果核，去核的桃片要立即放入 1.5％食盐水中浸泡 10min，以防变色。

（3）去皮、漂洗　碱液去皮，将半桃浸入浓度2％～6％NaOH 溶液中，温度 90～95℃，处理 30～60s，然后迅速取出，用流动水冲去残留果皮和碱液。

（4）预煮　将桃片放在 95～100℃热水中预煮 4～6min，以煮透为度。预煮水中先加入 0.1％柠檬酸，待水煮沸后再倒入桃片。煮后迅速冷却，以冷透为止。

（5）修整　用小刀刮去正、反面及核洼处的腐肉、残片，修整表面及机械伤，使切口无毛边，核洼光滑，果块呈半圆形。

（6）装罐　按桃片不同色泽、大小分别装罐，同一罐内果块大小、色泽应力求一致。按果肉装入量不得低于净重的 60％称取果块，装入经沸水消毒过的玻璃罐（瓶）中，加注温度为80℃以上、浓度为 35％的糖液，糖液中可加入 0.02％～0.03％抗坏血酸。

（7）排气、密封　加热排气，排气时间为 10min，至罐（瓶）中心温度达到 75～80℃即可，立即趁热封罐。

（8）杀菌、冷却　封罐后用 100℃沸水煮 20min 杀菌，立即分段冷却到 38℃以下。

（9）擦罐　将罐外水分擦干。

3. 质量要求

（1）感官指标　糖水桃子罐头的感官指标见表 1-12。

表 1-12　糖水桃子罐头的感官指标

项目	指　　标
色泽	白桃呈白色或青白色；黄桃呈金黄色至黄色。同一罐内色泽较一致，在果尖、核窝及合缝处带微红色；糖水较透明，允许含有少量果肉碎屑
滋味及气味	具有本品种成熟度良好的桃子制成的桃子罐头应有的香气和风味，无异味
组织及形态	桃片软硬适度，形状完整，允许略有毛边，同一罐内果块大小基本一致，不带机械伤和虫害斑点
杂质	不允许存在

（2）理化指标　糖水桃子罐头的理化指标见表 1-13。

表 1-13　糖水桃子罐头的理化指标

项目	指　　标
净重	每罐（瓶）允许公差±3％，但每批平均不低于净重
糖水浓度	14％～18％（以折光计）
固形物	果肉不低于净重的 60％

（3）卫生指标　符合相应种类食品的国家卫生标准要求。

（三）糖水菠萝罐头

1. 工艺流程

原料选择 → 清洗 → 分级 → 切端、去皮 → 捅芯 → 修整 → 切片 → 浸食盐水 → 装罐（瓶）→ 排气 → 密封 → 杀菌 → 冷却 → 擦罐 → 成品

2. 操作要点

（1）原料选择　选用果形大，圆柱形，芽眼浅，果肉呈淡黄色，肉质爽脆，甜酸适度，

香味浓郁，果芯小，纤维少的品种为原料。剔除发霉、有病虫害及机械伤的果实。

（2）清洗　用清水冲洗去果实表面的污物和杂质。

（3）分级　按果径大小分级，一般分4级：85～94mm为一级，94～108mm为二级，108～120mm为三级，120～134mm为四级。

（4）切端、去皮、捅芯　切除菠萝头尾10～20mm，然后去皮、捅芯，生产上采用专门的去皮、捅芯机进行。

（5）修整　用小刀刻除果目（芽眼），以手工按果目排列顺序和深浅程度刻成螺旋形的沟纹，要求沟纹整齐，深浅适度，切面光滑。

（6）切片　手工切成11～13mm厚的扇块，要求厚薄均匀，切面光滑。

（7）浸食盐水　将切片后的扇块投入在1%～2%食盐溶液中浸泡20min，可以抑制菠萝蛋白酶的活性，处理后用清水冲洗。

（8）装罐　要求同一罐内扇块形状、色泽基本一致。按果肉装入量不得低于净重的55%称取果块，装入经沸水消毒过的玻璃罐（瓶）中，加注温度为85℃以上、浓度为30%～35%的糖液，留顶隙6mm。对于含酸较低的品种可在糖液中加入0.1%～0.3%的柠檬酸。

（9）排气、密封　加热排气，98～100℃热水中排气时间为6～7min，至罐（瓶）中心温度达到75～80℃即可，立即趁热封罐。

（10）杀菌、冷却　封罐后用100℃沸水煮20min杀菌，立即分段冷却到38℃以下。

（11）擦罐　将罐外水分擦干。

3. 质量要求

（1）感官指标　糖水菠萝罐头的感官指标见表1-14。

表1-14　糖水菠萝罐头的感官指标

项目	指标
色泽	果肉呈金黄色至淡黄色。同一罐内色泽较一致；糖水较透明，允许含有不引起混浊的少量果肉碎屑
滋味及气味	具有成熟菠萝制成罐头应有的香气和风味，酸甜适口，无异味
组织及形态	果块(去果芯、果眼)，软硬适度，形状完整，切削良好，不带机械伤和虫害斑点 扇形片:大小为整圆片的1/4～1/8,果边允许习目缺刻,同一罐内果块大小基本一致,厚度为9～15mm
杂质	不允许存在

（2）理化指标　糖水菠萝罐头的理化指标见表1-15。

表1-15　糖水菠萝罐头的理化指标

项目	指标
净重	每罐(瓶)允许公差±3%,但每批平均不低于净重
糖水浓度	14%～18%(以折光计)
固形物	扇形块果肉不低于净重的54%

（3）卫生指标　符合相应种类食品的国家卫生标准要求。

（四）平菇罐头

1. 工艺流程

原料选择→清洗→去皮→切片→浸泡→预煮→冷却→糖煮→晾干→拌糖粉→包装→成品

2. 操作要点

（1）原料选择 选用菇盖完整，菌盖尚未充分展开，直径为 1.5～6.0cm，菌柄粗，肉质细嫩肥厚的新鲜平菇，剔除霉烂、病虫害、畸形、变色等不合格的原料。

（2）清洗 将平蘑放在清水或 0.5％的食盐水中浸泡 15min，逐个洗去泥沙及污物。

（3）分级、修整 按菌盖大小、成熟度、色泽分级，菌盖直径 1.5～2.5cm 为一级；2.5～5cm 为二级；5～6cm 为三级。分级后去菇柄，菇柄只留 1～1.5cm，多余部分削去，菌盖在 6cm 以上可作片菇罐头，即将菇盖撕成对开或三开。

（4）预煮 预煮时，菇水比 1：1，将平菇放入沸水中煮 3～5min。

（5）冷却 预煮后的平菇捞出，于清水中迅速冷却，沥干水分后装罐。

（6）装罐 整菇与平菇分开装罐，要求同一罐内大小、色泽大致相同，按照固形物含量不低于净重的 53％称重装罐，加注浓度为 2.5％的食盐水，盐水中可加入 0.05％柠檬酸，汁温在 85℃以上，加满盐水。

（7）排气、密封 装罐后加热排气，在沸水中排气 10min 左右，使得罐内中心温度达 75℃以上，趁热封罐。

（8）杀菌、冷却 杀菌公式 10min—20min—10min/121℃，杀菌后及时冷却至 38℃。

（五）青豌豆罐头

1. 工艺流程

剥壳分级 → 盐水浮选 → 预煮漂洗 → 复选 → 配汤装罐 → 排气、密封 → 杀菌、冷却 → 擦水入库

2. 操作要点

（1）选择豌豆 供罐藏的豌豆品种最好是产量高、成熟整齐，同株上的豆荚成熟度一致的。采收时豆荚膨大饱满，荚长 5～7cm，内部种子幼嫩，色泽鲜绿，风味良好，含糖及蛋白质高，如菜豌豆、白豌豆。

（2）剥壳分级 用剥壳机或人工去壳，并进行分级，有两种方法。

分级机分级：按豆粒大小分成四号五级，如表 1-16 所示。

表 1-16 豌豆机选分级表

等级	一	二	三	四
豆粒直径/mm	7	8	9	10

盐水浮选法：随着采收期及成熟度不一，所用盐水浓度不同，一般先低后高，如表 1-17 所示。

表 1-17 豌豆分级盐水浓度表

采收期	豆粒等级 食盐溶液	一	二	三	四
前期	相对密度(15℃/4℃)	1.014～1.02	1.028～1.034	1.035～1.049	1.056～1.066
	质量分数/%	2～3	4～5	5.3～7	8.1～9.5
	波美度/°Bé	2～3	4～5	6～7	8～9
后期	相对密度(15℃/4℃)	1.056～1.066	1.072～1.083	1.090～1.099	1.107～1.115
	质量分数/%	8.1～9.5	10.3～11.5	12.5～13.3	14.8～16
	波美度/°Bé	8～9	10～11	12～13	14～15

（3）预煮漂洗   各号都分开煮，在100℃沸水中按其老嫩烫煮3～5min，煮后立即投入冷水中浸漂（为了保绿可加入0.05%碳酸氢钠在预煮水中）。浸漂时间按豆粒的老嫩而定，嫩者0.5h，老者1～1.5h，否则杀菌后，豆破裂汤汁混浊。

（4）复选   挑选各类杂色豆、斑点、虫蛀、破裂及杂质、过老豆，选后再用清水淘洗一次。

（5）配汤装罐   配制2.3%沸盐水（也可加白糖2%）。入罐时汤汁温度高于80℃。

（6）豆粒按大小号和色泽分开装罐。要求同一罐内大小、色泽基本一致。装罐量：450g瓶装青豆240～260g，汤汁190～210g。

（7）排气、密封   排气中心温度不低于70℃。

（8）抽气、密封   真空度为300mmHg。

（9）杀菌、冷却   450g瓶装杀菌式10min—35min/118℃，分段冷却。

 思考题

1. 果蔬罐头杀菌的温度和时间，应根据哪些因素决定？

2. 将70%的浓糖液和10%的糖液，配合成20%的糖液，需用70%和10%糖液各多少？

3. 糖水橘子罐头出现白色沉淀、混浊的主要原因是什么，如何防止？

4. 桃罐头对原料有哪些要求？防止桃罐头变色的措施有哪些？

5. 写出罐头杀菌公式，并解释其含义。

6. 果蔬去皮的方法有哪几种？

7. 制作罐头为何要排气？

8. 罐头密封和杀菌的目的是什么？

9. 罐头制品杀菌后为何要迅速冷却？

10. 罐头制品的杀菌有何特点？

11. 青豆原料在贮运过程中容易发热变质，应注意哪几个环节？

实验四
果蔬糖制品的加工

一、实验目的

了解果蔬糖制的基本原理。

掌握果蔬糖制的基本工艺流程和技术关键。

二、实验原理

农产品（主要为果蔬原料）的糖制是以食糖的保藏作用为基础的加工保藏法。食糖的保藏作用在于高浓度糖液的强大渗透压，使微生物细胞原生质体脱水，发生生理干燥而停止活动，使产品得以较长时间地保藏。

三、材料与用具

果蔬原料、蔗糖、柠檬酸、NaCl、亚硫酸（氢）钠。

煮锅、烘箱、烘盘、手持折光仪。

四、制作方法

（一）苹果酱

1. 工艺流程

原料选择 → 清洗 → 去皮、去芯 → 破碎 → 预煮 → 加糖浓缩 → 装瓶 → 密封 → 杀菌 → 冷却 → 成品

2. 操作要点

（1）原料选择　对原料要求不十分严格，可充分利用残、次果，削去不可食部分。但必须是新鲜、成熟适度、风味正常的果实。

（2）破碎　苹果清洗去皮后，用不锈钢刀切成对开，挖去果芯，然后切分成 0.3～0.5cm 见方的小块，或用打浆机打成果浆。

（3）加糖浓缩　将果块放入锅中，加入原料重量 1/5～1/4 的清水，预煮至果块半透明状（如已打成浆状，可直接入锅煮制）。同时称取与果肉等量的蔗糖，将蔗糖分 2～3 次加入，进行煮制浓缩。煮制过程中，注意搅拌，防止焦煳，影响成品质量。当含糖量达 65％或温度达 103～105℃时，加入约 0.1％柠檬酸（先用少量水溶解），搅拌均匀，停止加热。

（4）装瓶（罐）　将煮制成的苹果酱，趁热装入已消毒过的玻璃瓶（罐）中，立即封盖。

（5）杀菌、冷却　置沸水中杀菌 15～20min，分段冷却至 38℃，然后将玻璃瓶（罐）擦干。

3. 质量要求

（1）感官指标　苹果酱感官指标见表 1-18。

表 1-18　苹果酱感官指标

项目	指　　标
色泽	酱体为红褐色或琥珀色,均匀一致
滋味及气味	具有苹果酱应有的良好风味,无焦煳味及其他异味
组织及形态	无果皮、果梗及籽巢,块状酱保持果块,泥状酱无果块,酱体呈胶黏状,不流散,不分泌汁液,无糖的结晶
杂质	不允许存在

（2）理化指标　苹果酱理化指标见表 1-19。

表 1-19　苹果酱理化指标

项目	指　　标
净重	每瓶(罐)允许公差±3％,但每批平均不低于净重
总糖量	不低于 60％(以还原糖计)
可溶性固形物	不低于 68％(按折光计)

（3）卫生指标　符合相应种类食品的国家卫生标准要求。

（二）山楂糕

1. 工艺流程

2. 操作要点

（1）原料选择　选用新鲜、成熟、无病虫害的果实。

（2）清洗、软化　用小刀刮去花萼，剪去果梗，用清水将果实洗净后，倒入锅内，加入果实重 50％的水，加热至沸，煮到果实软烂为止，约需 20min。

（3）打浆、过筛　将软化后的山楂放入打浆机（生产上用筛板孔径为 0.5～0.8mm）中进行打浆，再用 60 目筛子擦滤，即得山楂泥。

（4）加糖浓缩、凝糕　山楂泥入锅后加糖，一般用量为山楂泥∶蔗糖＝1∶（0.8～1.0）。先将山楂泥进行加热浓缩，蒸发掉山楂泥中的一部分水分，然后趁热将蔗糖分 2～3 次加入进行加糖浓缩，并不断搅拌，浓缩到可溶性固形物达 60％左右（取一些山楂泥滴入凉水中，呈块状下沉而不溶化，即可倒入搪瓷盘中冷却）。

（5）切块、包装　将凝固成块的山楂糕用刀切成小方块，用玻璃纸或食品塑料袋包装。

3. 质量要求

（1）感官指标　山楂糕感官指标见表 1-20。

表1-20　山楂糕感官指标

项目	指　　标
色泽	赭红色或浅红色,色泽一致,略有透明感及光泽
滋味及气味	具有山楂糕应有的良好风味,山楂香味浓郁,酸甜适口,无异味
组织及形态	块形完整,表面光滑,无流糖现象,组织细腻均匀,软硬适宜,略有弹性
杂质	不允许存在

（2）理化指标　山楂糕理化指标见表1-21。

表1-21　山楂糕理化指标

项目	指　　标
总酸	0.8%～1.2%（以苹果酸计）
总糖量	＞55%（以还原糖计）
水分	＜40%

（3）卫生指标　符合相应种类食品的国家卫生标准要求。

（三）苹果脯

1. 工艺流程

原料选择→清洗→去皮→切分→去芯→预煮或烫漂→硫处理→糖制→烘干→包装→成品

2. 操作要点

（1）原料选择　选用果形圆整、果芯小、成熟度适宜的苹果。

（2）去皮、切分、去芯　手工去皮后，挖去损伤部分，将苹果对半纵切，再用挖核器挖掉果芯。期间用0.5%异抗坏血酸钠溶液做护色处理10min。

（3）预煮　采用沸腾的纯净水煮制1min。预煮后必须用冷水浸泡，以防止预热继续作用。

（4）硫处理和硬化　将果块放入0.1%的$CaCl_2$和0.2%～0.3%的$NaHSO_3$混合液中浸泡4～8h，进行硬化和硫处理，若肉质较硬则只需进行硫处理。浸泡液以能淹没原料为准，浸泡时上压重物，防止上浮。浸后捞出，用清水漂洗2～3次备用。

（5）糖煮（一次煮成法）　在锅内配成与果块等重的20%的糖液，同时加入一定量柠檬酸，使其浓度为0.3%，加热煮糖至沸腾，倒入果块，以旺火煮制达到终点。期间可分次加糖，最后使制品糖含量达到60%～65%，果实呈肥厚发亮透明时即可停火。趁热起锅，将果块连同糖液倒入容器中浸渍24～48h。

（6）烘干　将果块捞出，沥干糖液，摆放在烘盘上，送入干燥箱，在60～66℃的温度下干燥至不粘手为度，大约需要烘烤24h。

（7）整形和包装　烘干后用手捏成扁圆形，剔除黑点、斑疤等，装入食品袋、纸盒，最后装箱。

3. 质量要求

（1）感官指标　苹果脯感官指标见表1-22。

表 1-22　苹果脯感官指标

项目	指标
色泽	果片透明,呈金黄色或淡黄色
滋味及气味	具有苹果应有的良好风味,酸甜适口,无异味
组织及形态	果片大小均匀,形状完整,表面无糖的结晶返砂,不粘手流糖,果片饱满,具有韧性
杂质	不允许存在

（2）理化指标　苹果脯理化指标见表 1-23。

表 1-23　苹果脯理化指标

项目	指标
总糖量	60%～65%（以还原糖计）
水分	16%～20%

（3）卫生指标　符合相应种类食品的国家卫生标准要求。

(四) 胡萝卜酱

1. 工艺流程

2. 操作要点

（1）原料选择　选用新鲜良好、皮薄肉厚、纤维少、芯柱细小、组织紧密脆嫩、无病虫害、根茎呈红色或橙红色品种为原料。

（2）清洗、去皮　用流动清水充分洗涤,洗净泥沙、残留农药后,用小刀刮去表皮。

（3）修整、切碎　切除根部尾端,削去青皮部分,将根茎较大的原料进行适当的切碎处理,以便于软化、打浆。

（4）软化　将修整切碎处理后的胡萝卜置于锅内,按原料与水的比例为 1∶1 加水,加热煮沸至软烂为止,捞起沥干。

（5）打浆　将软化后的胡萝卜放入打浆机中进行打浆,打成细腻的泥浆。

（6）加糖浓缩　按胡萝卜浆与白砂糖的比例为 1∶0.75 称取白糖。将打浆后的胡萝卜浆放入锅（最好为夹层锅）内加热煮沸后,加入白砂糖,糖应分 2～3 次加入进行煮制浓缩,并不断搅拌,防止焦煳,直至胡萝卜酱可溶性固形物达 65% 时,加入 0.3% 柠檬酸,煮沸后即可起锅装罐。

（7）装罐、密封　将浓缩后的胡萝卜酱趁热装入已消毒的玻璃罐中,立即封罐。

（8）杀菌、冷却　封罐后的玻璃罐置于沸水中杀菌 20min,再分段冷却到室温。

3. 质量要求

（1）感官指标　胡萝卜酱感官指标见表 1-24。

表 1-24　胡萝卜酱感官指标

项目	指标
色泽	酱体呈橙黄或橙红色,均匀一致
组织及形态	酱体细腻,黏稠适度
滋味及气味	具有胡萝卜酱应有的风味,无焦煳味及其他异味
杂质	不允许存在

（2）理化指标 胡萝卜酱理化指标见表1-25。

表 1-25 胡萝卜酱理化指标

项目	指 标
净重	每罐允许公差±3％,但每批平均不低于净重
总糖	≥55％(以还原糖计)
可溶性固形物	60％～65％(按折光计)

（五）糖姜片

1. 工艺流程

原料选择 → 清洗 → 去皮 → 切片 → 浸泡 → 预煮 → 冷却 → 糖煮 → 晾干 → 拌糖粉 → 包装 → 成品

2. 操作要点

（1）原料选择 选用根茎肥大、幼嫩、金黄色、粗纤维少、无霉烂的生姜为原料。

（2）清洗 洗去表皮的泥沙及污物。

（3）去皮、切片 用竹片刮皮,然后切成厚3mm左右的薄片。

（4）浸泡 切片后用水浸泡24～36h,其间换水2～3次,除去辣味和淀粉。

（5）预煮、冷却 姜片置沸水中预煮15min,预煮时须加入0.05％的焦亚硫酸钠,预煮后捞出于清水中冷却。

（6）糖煮 将处理好的姜片放入40％的煮沸糖液（取2/3的总糖量配制成的糖液）中,然后浓缩,在浓缩过程中不断搅拌,然后分5～6次直接向锅中加入余留的砂糖,使糖液大部分渗入果肉,浓缩至糖浆可以拉成丝状时为止。历时1.5～2h,糖的总量为果实重量的2/3。

（7）晾干 捞出姜片,滤去糖液,晾干。

（8）拌糖粉 晾干后的姜片置于盆中,拌以白糖粉,并用竹筛筛去多余的糖粉。

（9）包装 用塑料薄膜食品袋包装。

3. 质量要求

（1）感官指标 糖姜片感官指标见表1-26。

表 1-26 糖姜片感官指标

项目	指 标
色泽	呈淡黄色或黄色,色泽均匀一致
组织及形态	吸糖饱满,质嫩不粗老,食时无粗纤维感,椭圆片状或薄片状,片厚1.5～2mm
滋味及气味	具有本品种应有的风味,清甜,微辣,无异味
杂质	不允许存在

（2）理化指标 糖姜片理化指标见表1-27。

表 1-27 糖姜片理化指标

项目	指 标
总糖	75％～80％(以还原糖计)
水分	10％～15％

（六）杏脯

1. 工艺流程

2. 操作要点

（1）原料选择　选用果形大而圆整、果芯小、果肉疏松、不易煮烂和成熟度适当的原料。

（2）分级　根据果实的大小、色泽、成熟度、形状分出等级，从而保证果脯的色、形、味等规格统一。

（3）去皮　先用清水将果实洗净，然后用手工或机械削去果皮。

（4）切分　对半切开，挖去果芯。按果实大小不同，大者切四瓣，小者对半切分。

（5）硫处理和硬化处理　将处理好的果片于 $0.1\%\sim0.2\%CaCl_2$ 和 $0.2\%\sim0.3\%$ 的亚硫酸盐混合液中浸泡，进行硬化和硫处理，浸泡时间为 $2\sim3h$。对于肉质较硬的品种只需进行硫处理。

（6）糖煮　在锅中配成 40% 的糖液，加入 $0.1\%\sim0.3\%$ 柠檬酸，加热煮沸，倒入杏片，煮沸后，再分 $5\sim6$ 次加糖煮制。加糖总量为果片重的 $2/3$，分批加糖是先少后多，全部糖煮过程需要 $1.0\sim1.5h$，待杏片被糖液浸透呈透明状时，即可出锅。

（7）糖渍　趁热起锅，果片连同糖液倒入缸内浸渍 $1\sim2d$，使果肉吃糖均匀。

（8）烘干　将果片捞出，铺在烘盘上整形，送入干燥机，用 $55\sim60℃$ 温度烘至不粘手。

（9）包装　用食品级塑料袋包装。

3. 质量要求

（1）感官指标　杏脯感官指标见表1-28。

表1-28　杏脯感官指标

项目	指标
色泽	果片透明，呈金黄色或淡黄色
滋味及气味	具有杏应有的良好风味，酸甜适口，无异味
组织及形态	果片大小均匀，形状完整，表面无糖的结晶返砂，不粘手流糖，果片饱满，具有韧性
杂质	不允许存在

（2）理化指标　杏脯理化指标见表1-29。

表1-29　杏脯理化指标

项目	指标
总糖量	$70\%\sim75\%$（以还原糖计）
水分	$16\%\sim18\%$

（3）卫生指标　符合相应种类食品的国家卫生标准要求。

（七）果冻

1. 工艺流程

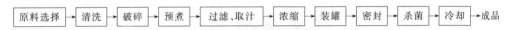

原料选择 → 清洗 → 破碎 → 预煮 → 过滤、取汁 → 浓缩 → 装罐 → 密封 → 杀菌 → 冷却 → 成品

2. 操作要点

（1）原料选择　选择成熟度适宜，含果胶、酸多，芳香味浓的山楂，不宜选用充分成熟果。

（2）预处理　将选好的山楂用清水洗干净，并适当切分。

（3）加热软化　将山楂放入锅中，加入等量的水，加热煮沸30min左右并不断搅拌，使果实中糖、酸、果胶及其他营养素充分溶解出来，以果实煮软便于取汁为标准。为提高可溶物质提取量，可将山楂果煮制2~3次，每次加水适量，最后将各次汁液混合在一起。加热软化可以破坏酶的活力，防止变色和果胶水解，便于榨汁。

（4）取汁　软化的果实用细布袋揉压取汁。

（5）加糖浓缩　果汁与白糖的混合比例为1：（0.6~0.8），再加入果汁和白砂糖总量的0.5%~1.0%研细的明矾。先将白砂糖配成75%的糖液过滤。然后将糖液和果汁一起倒入锅中加热浓缩，要不断搅拌，浓缩至终点，加入明矾搅匀，然后倒入消毒过的盘中，静置冷却。

（6）终点判断　折光仪测定法：当可溶性固形物达66%~69%时即可出锅；温度计测定法：当溶液的沸点达103~105℃时，浓缩结束；挂片法（经验法）：用搅拌的竹棒从锅中挑起浆液少许，横置，若浆液呈现片状脱落，即为终点。

3. 质量要求

色泽呈玫瑰红色或山楂红色，半透明，有弹性，块形完整，切面光滑，组织细腻均匀，软硬适宜，酸甜适口。可溶性固形物含量≥65%。

思考题

1. 试述糖制保藏的基本原理。

2. 果酱煮制终点如何控制？

3. 果糕凝胶的基本要求有哪些？

4. 果脯加工过程中为何要对原料进行保脆及硬化处理？如何处理？

5. 制作苹果脯的过程中，防止返砂和流糖的主要措施有哪些？

6. 果脯糖制过程中为何要分批加糖？

7. 产品若发生返砂和流糖是何原因？如何防止？

8. 护色的方法有哪些？原理是什么？

9. 如何防止糖制过程中果块煮烂问题？

果蔬的速冻加工

一、实验目的

以水果为原料，在不同冻结速度下进行冻结，观察不同冻结速度对原料质构的破坏程度；验证物料中心温度随时间变化规律，掌握冻结点及冻结曲线的测定方法。

了解果蔬速冻的原理。

掌握果蔬速冻操作方法及操作要点。

二、实验原理

冷冻保藏基本原理是把经过一定预处理的农产品，置于−30℃低温下快速冻结，使组织细胞的水分快速结冰，各种酶类的活性被抑制，同时使吸附在原料上的微生物内的水分结冰，促使微生物死亡或处于抑制状态。冻结完后，将产品贮藏于−18℃低温下，抑制微生物的活动和酶的活性，降低生化反应速率，从而使产品得以长期保存。

三、材料与用具

各类果蔬、白糖、精盐、柠檬酸、低温冰箱等。

四、制作方法

（一）速冻草莓

1. 工艺流程

2. 操作要点

（1）原料选择　选用质优、果肉硬度较高的品种。要求果形完整，无病虫害，无其他伤害，果实成熟度以果面着色80%以上为标准。

（2）除萼　用人工将萼柄、萼片摘除干净。

（3）选剔、分级　将不符合规格的果实进一步剔出，除去残留的萼片、萼柄，并按大小分级。

（4）清洗　将果实置于水池中，用流动水洗果，使原料清洗干净。

（5）控水　清洗后将草莓滤控 10min 左右，控去果实外面多余的水分，以免冻品表面带水或发生粘连。

（6）拌糖　将草莓称重，按草莓重的 20%～25% 加入蔗糖，酸味重的品种按 25% 加糖，然后轻轻搅拌均匀。

（7）包装　将拌糖后的整果装入塑料盒中，密封。

（8）冻结与冷藏　包装好的草莓经过冻结，直至果肉中心温度达 -18℃ 即可，在 -18℃ 低温中冻藏。

草莓分别进行缓冻和速冻。

缓冻：经包装的草莓（建议分为浸糖和不浸糖两组），直接送入电冰箱，在 -18℃ 温度下冻结。

速冻：将草莓送入速冻装置，使草莓快速冻结（注意选择直径小的果实进行速冻）。

（9）解冻　冻结后的草莓，采用自然解冻或微波解冻，也可将两种方法进行对比。

（10）检测　检测解冻后草莓的失水率。

$$失水率 = (W_{前} - W_{后})/W_{前}$$

式中　$W_{前}$，$W_{后}$——冻结前、解冻后草莓的质量。

感官评定草莓的色泽、气味、质地、形态等指标。

3. 质量要求

速冻草莓感官指标见表 1-30。

表 1-30　速冻草莓感官指标

项目	指　　　标
色泽	保持本品种原有的色泽,呈红色至粉红色
风味	具有本品种应有的滋味与气味,无异味
组织形态	果形完整,大小均匀,无萼,洁净
杂质	不允许存在

4. 冻结点及冻结曲线测定

（1）选择无损伤草莓，置于普通冰箱中（调节冰箱内空气温度：-18℃）利用测温仪测定草莓中心温度随冻结时间的变化情况，确定草莓的冻结点温度，通过最大冰晶生成带所需要的时间。

（2）绘制草莓的冻结曲线。

5. 实验记录

（1）不同前处理方法和冻结方法的实验结果填入下表。

处理与冻结方法	速冻		缓冻	
	未处理	处理	未处理	处理
$W_{前}/g$				
$W_{后}/g$				
失水率/%				
感官指标				

（2）不同解冻方法的实验结果填入下表。

解冻方法	白然解冻	微波解冻
解冻时间/min		
$W_{前}$/g		
$W_{后}$/g		
失水率/%		

(二) 速冻桃片

1. 工艺流程

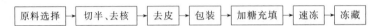

原料选择 → 切半、去核 → 去皮 → 包装 → 加糖充填 → 速冻 → 冻藏

2. 操作要点

(1) 原料选择　选用果实在七成熟左右，大小均匀，果形完整，无损伤、虫害。

(2) 切半、去核　将果实切成两半后立即投入清水中，以防止氧化变色，用挖核刀去核。

(3) 去皮　在3%的NaOH溶液中浸45～60s后，立即取出用清水冲洗，并轻轻揉其表面，去尽桃皮，再用流水冲洗，然后将去皮后的桃片在1%的柠檬酸溶液中浸数分钟，以中和残留的碱液，再用清水冲洗。

(4) 包装　将果片沥干装入塑料盒内，注入浓度为40%的糖水，在糖水中加入0.1%的维生素C和0.05%～0.1%的柠檬酸，以提高抗氧化的效果和风味，果肉与糖水比例为65∶35，封盒。

(5) 速冻、冻藏　将包装好的塑料盒置于温度为−30℃冰箱内快速冻结，直至果肉中心温度达−18℃即可，在−18℃低温中冻藏。

3. 质量要求

速冻桃片感官指标见表1-31。

表1-31　速冻桃片感官指标

项目	指标
色泽	具有本品种原有的色泽，白桃呈白色，黄桃呈黄色
风味	具有本品种应有的滋味与气味，无异味
组织形态	果形完整，大小均匀，无果皮，无斑点，无褐斑
杂质	不允许存在

(三) 速冻蒜薹

1. 工艺流程

原料选择 → 清洗 → 整理 → 切分 → 烫漂 → 预冷 → 沥干 → 包装 → 速冻 → 冻藏

2. 操作要点

(1) 原料选择　选用优质、粗壮、脆嫩、无病虫害及斑点、两端粗细基本一致，色泽好而新鲜的蒜薹。

(2) 清洗、整理　用清水冲洗干净，沥干表水，然后整理长短。

(3) 切分　根部切去0.5～1cm，梢部花蕾弯曲部（约5cm）不宜采用，应切去，其余切成11～14cm段条或4～6cm段条。

（4）烫漂　将切分好的蒜薹投入沸水中烫漂2～3min，至色泽转鲜绿色，略见花斑，食之无辛辣味为度。

（5）预冷、沥干　烫漂后立即用冷水进行冷却，用塑料筐搁置几分钟，即可控干水分。

（6）包装　要求袋中段条整齐，条形正直，粗细均匀，断条不宜超过15％，采用聚酯复合塑料袋包装，密封。

（7）速冻、冻藏　置于－35℃速冻机中冻结，至中心温度为－18℃以下，然后在－18℃长期冻藏。

3. 质量要求

速冻蒜薹感官指标见表1-32。

表 1-32　速冻蒜薹感官指标

项目	指　　标
色泽	呈鲜绿色,允许根部微带正常的白色,色泽均匀较一致
风味	具有蒜薹应有的滋味与气味,无异味
组织形态	组织鲜嫩,食之无粗纤维感,长短粗细较均匀,无裂痕,无锈头,无异色,无斑痕,条形正直。蒜薹顶部接近花蕾处不允许存在弯曲部分
杂质	不允许存在

（四）速冻菜花加工

1. 工艺流程

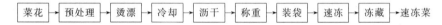

菜花 → 预处理 → 烫漂 → 冷却 → 沥干 → 称重 → 装袋 → 速冻 → 冻藏 → 速冻菜

2. 操作要点

（1）领取菜花若干，称量。

（2）菜花摘取可食部分，清洗。

（3）将洗好的菜花浸没在2％的食盐溶液中10～15min，在清水漂洗去盐，沥干水分，称量。

（4）取烧杯两只，一只加水1000mL、加柠檬酸5g、抗坏血酸3g烧开；另一只加冷水1000mL备用。

（5）将沥干的菜花投入沸水中，按1000mL水中投200g菜，100℃维持1min左右；取出菜花立即投入冷水降温，取出沥干。

（6）沥干的菜花，称重，放入保鲜袋，再置于－35℃速冻。

（7）6h后取出称量，再放入－18℃的冷冻箱中保藏。

（8）计算成品菜花的得率。

3. 质量要求

速冻菜拥有新鲜菜的色泽，解冻后，蔬菜仍然保持原有形体的完整性。

（五）速冻青豌豆

1. 工艺流程

原料选择 → 剥荚 → 浸盐水 → 烫漂 → 冷却 → 沥干 → 挑选 → 装袋 → 速冻 → 冻藏

2. 操作要点

（1）原料选择　选用豆粒鲜嫩饱满，色泽鲜绿，豆粒均匀的白花品种青豌豆作为原料。

（2）剥荚　用手工剥出豆粒，根据颗粒的大小挑选为大、中、小三级。

（3）浸食盐水　剥出的豆粒浸入2％盐水中，即可去除豆中的伴虫，又可分离老豆，浸泡时间30min左右，取出后用流动清水冲洗干净。

（4）烫漂　将豆粒投入100℃左右的盐水（18L水中含食盐0.4kg）中进行烫漂，烫漂时间按豆粒大小不同分别掌握，一般为2～3min。

（5）冷却　将烫漂后的豌豆立即投入冷水中慢慢搅拌，加快冷却速度，冷却至豆皮产生的褶皱消失为止，捞出后沥干。

（6）挑选　剔除失色豆粒、表面破裂豆粒、虫食豆粒。

（7）装袋、速冻　将豆粒按一定重量装于聚乙烯薄膜袋中加热密封，放进速冻机中冻结，冻结温度−30℃以下，最好达到−38℃（30min内），冻至中心温度为−18℃以下。

（8）冻藏　冻结产品可在−18℃的低温中长期保存。

3. 质量要求

速冻青豌豆感官指标见表1-33。

表1-33　速冻青豌豆感官指标

项目	指　　标
色泽	呈鲜绿色,色泽较一致
风味	具有本品种应有的风味,无异味
组织形态	组织鲜嫩,豆粒饱满,大小均匀,无破碎豆,无硬粒豆,无病虫害
杂质	不得检出

 **思考题**

1. 试述冻藏的基本原理。
2. 冻结速度与冻结温度对产品品质有何影响？为什么？
3. 如何防止冷冻桃片在冻藏过程中及解冻时的果肉褐变？
4. 重结晶现象是如何发生的？如何解决？
5. 影响速冻产品质量的因素有哪些？
6. 速冻与缓冻所得产品有何区别，为什么？
7. 除了自然解冻和微波解冻法以外，还有哪些解冻方法？

实验六
果蔬汁的加工

一、实验目的

学习果蔬汁的制作技术。

掌握果蔬汁制作的技术要点。

了解不同类型果蔬汁制作的异同点。

二、实验原理

果蔬汁产品制备是以新鲜的水果、蔬菜等为原料，经挑选、洗净、榨汁（磨浆）或浸提等方法制得汁液，再经调配制作成营养丰富、风味优质，接近新鲜果蔬的产品。

三、材料与用具

果蔬原料、白砂糖、柠檬酸、抗坏血酸、果汁机、均质机、封罐机。

四、制作方法

（一）透明苹果汁

1. 工艺流程

原料选择 → 清洗 → 破碎 → 榨汁 → 粗滤 → 澄清 → 精滤 → 调配

预热 → 灌装 → 密封 → 杀菌 → 冷却 → 成品

2. 操作要点

（1）原料选择　选用糖分较高、酸度适当、香味浓郁、果汁丰富、取汁容易、酶促变化不甚明显、成熟适度、无病虫害和腐烂的果实。常用的品种为红玉、国光等。

（2）清洗　将果实放入流水槽中冲洗，将附着果实表面的泥土、微生物和农药洗净。

（3）破碎　对果实进行去皮、去芯，并及时浸没在清水中以防止氧化，然后用破碎机破碎，破碎时加抗坏血酸溶液，有效抑制剂量为100g苹果30～40mg抗坏血酸。破碎要适度，粒度大小以3～4mm为宜。

（4）榨汁　将破碎的后果肉放在榨汁机上榨汁。

（5）粗滤　榨出的果汁用60～100目筛网粗滤。

（6）澄清　苹果汁中果胶、蛋白质等胶体物质含量较多，使汁液混浊。可以采用加热法，将苹果汁加热至82～85℃，使胶体凝聚达到果汁澄清的目的。

（7）精滤　澄清处理后的苹果汁，用200目尼龙网过滤。生产上采用压滤机过滤，必要时还可添加助滤剂。

（8）糖酸调整　加糖、酸进一步调整果汁的风味。调整天然苹果汁中的可溶性固形物为12％～13％，酸度为0.2％～0.4％。此外可添加0.05％抗坏血酸，防止氧化褐变。

（9）灌装、密封　将苹果汁加热到85～90℃，迅速装入已消毒的玻璃瓶中，使中心温度不低于75℃，然后密封。

（10）杀菌、冷却　以巴氏杀菌为宜，然后分段冷却至38℃。

3. 质量要求

（1）感官指标　透明苹果汁感官指标见表1-34。

表1-34　透明苹果汁感官指标

项　目	指　标
色泽	呈淡黄色或白色,色泽均匀一致
滋味及气味	具有该品种苹果汁应有之风味,味感协调,柔和,酸甜适口,无异味
组织及形态	汁液澄清透明,无混浊
杂质	无肉眼可见的外来杂质

（2）理化指标　透明苹果汁理化指标见表1-35。

表1-35　透明苹果汁理化指标

项　目	指　标
总酸度	0.2％～0.7％(以柠檬酸计)
可溶性固形物	12％～14％(20℃,按折光计)

（3）卫生指标　符合相应种类食品的国家卫生标准要求。

（二）混浊苹果汁

工艺流程为：

（三）柑橘汁（混浊饮料）

1. 工艺流程

2. 操作要点

（1）原料选择　选用风味较浓，酸甜适口，可溶性固形物含量高，出汁率高，并充分成熟的果实为原料，剔除腐烂果和未成熟果。适宜制汁的优良品种为温州蜜柑、黄岩蜜橘、红橘、新会橙等。

（2）洗果　用清水洗净果实表面的泥沙等污物。

（3）剥皮　将洗净果实投入95～100℃沸水中烫漂1min，取出后趁热手工剥去外果皮。

（4）打浆　将去皮后的柑橘放入打浆机中打浆。

（5）粗滤　可用80目筛网过滤，分离出果实碎片、种子等杂物。

（6）调配　在柑橘汁中加入一定量的糖和柠檬酸，以调整柑橘中可溶性固形物达15％～17％（以折光计），总酸达0.7％～0.9％（以柠檬酸计）为宜。

（7）均质　在180～190kgf/cm²（1kgf＝9.80665N，下同）压力下，使果汁中所含的粗大悬浮粒破碎，并均匀而稳定悬浮于汁液中。

（8）脱气　真空脱气，或加热果汁至85～90℃，排除气体。

（9）罐装、密封　将加热排气后的果汁迅速注入已消毒的玻璃瓶，立即密封。

（10）杀菌、冷却　以100℃热水杀菌10min，然后分阶段快速冷却至38℃。

3. 质量要求

（1）感官指标　柑橘汁感官指标见表1-36。

表1-36　柑橘汁感官指标

项　目	指　标
色泽	呈橙黄色或淡黄色
滋味及气味	具有鲜柑橘汁应有之风味,酸甜适口,无异味
组织及形态	汁液均匀混浊,静置后允许有少量沉淀,但经摇动后仍呈原有的均匀混浊状态
杂质	不允许存在

（2）理化指标　柑橘汁理化指标见表1-37。

表1-37　柑橘汁理化指标

项　目	指　标
总酸度	0.6％～1.3％（以柠檬酸计）
可溶性固形物	11％～19％（按折光计）

（3）卫生指标　符合相应种类食品的国家卫生标准要求。

4. 注意事项

（1）柑橘果皮和种子中含有黄酮类，生物碱类等苦味物质，影响柑橘汁的风味。因此选用生物碱含量低的优良品种；果实充分成熟；榨汁时防止白皮层和囊衣的混入；采用避免种子破碎的榨汁方法。

（2）柑橘汁对温度比较敏感，在加工和贮藏过程中极易受热氧化，引起果汁风味和色泽变化，加工过程中，应尽量缩短果汁受热时间，并防止空气进入，贮藏温度不宜太高（4.4℃以下）。

（四）菠萝果肉果汁饮料

1. 工艺流程

2. 操作要点

（1）原料选择 选用新鲜良好、纤维少、肉质柔软多汁、酸甜适度、香气浓郁、成熟适度的菠萝，剔除腐烂及病虫害果。

（2）清洗 用清水冲洗果实表面的污物和杂质。

（3）去皮、破碎 手工去皮，刻除果目（芽眼），切除果芯，然后将果肉切片。

（4）预煮 将破碎的果肉放入沸水中预煮 3～5min，料液比为 1∶2，捞出。

（5）打浆、过滤 软化后的果肉放入打浆机进行打浆，用纱布滤去粗颗粒，再用 200 目尼龙网过滤即得原果浆。

（6）调配 把原果浆与糖液按 40∶60 的比例混合，调整果汁中可溶性固形物达 13％～14％，加 0.2％柠檬酸，调整果汁的酸度 pH 值为 3.9 以下，再加 0.2％琼脂（先用少量水加热溶解，过滤）混合均匀。

（7）均质 均质机压力为 130kgf/cm^2，使果肉浆均匀稳定。

（8）预热 将果汁加热至 85℃以上。

（9）灌装、密封 将加热后的果汁迅速装入已消毒玻璃瓶中，使瓶内中心温度不低于 70℃，立即趁热封盖。

（10）杀菌、冷却 将封盖后的玻璃瓶在沸水中杀菌 15～20min，然后分段冷却至 38℃。

3. 质量要求

（1）感官指标 菠萝果肉果汁感官指标见表 1-38。

表 1-38 菠萝果肉果汁感官指标

项　　目	指　　标
色泽	呈淡黄色
滋味及气味	具有该品种菠萝汁应有之风味，味感协调，柔和，酸甜适口，无异味
组织及形态	呈均匀混浊状态，长期静置后允许有少量沉淀存在
杂质	无肉眼可见的外来杂质

（2）理化指标 菠萝果肉果汁理化指标见表 1-39。

表 1-39 菠萝果肉果汁理化指标

项　　目	指　　标
总酸度	0.20％～0.25％（以柠檬酸计）
可溶性固形物	≥13％（20℃，按折光计）
原果浆	≥35％（以质量计）

（3）卫生指标 符合相应种类食品的国家卫生标准要求。

（五）番茄汁

1. 工艺流程

2. 操作要点

（1）原料选择 选用色泽鲜红、成熟适度、香味浓郁、可溶性固形物在 5％以上、糖酸比例适宜（6∶1）的番茄作原料。剔除过熟或过青的果实。

（2）清洗　除去番茄表面所附着的微生物及污物等。

（3）修整　去除蒂柄，用刀削去斑点及青绿部位。

（4）破碎　将修整后的番茄破碎，去除种子。

（5）预煮　破碎去籽后的番茄应迅速加热至85℃以上，破坏酶的活性，提高出汁率。

（6）打浆　将预热后的番茄肉和汁液放入打浆机中打浆，然后用纱布过滤。

（7）调配　番茄原汁（约含可溶性固形物4%）100kg，加入砂糖0.7～0.9kg、食盐0.4kg、增稠剂琼脂25g、增效剂三聚磷酸钠50g，加适量柠檬酸调整pH值为4.0左右。白糖、食盐、增稠剂、增效剂都要用少量的水溶化过滤后加入番茄汁中。

（8）均质、脱气　在压力为100～150kgf/cm²条件下均质，使番茄汁中所含的粗大悬浮粒破碎，并均匀而稳定分布于汁液中。均质后将汁液加热至85～90℃。

（9）灌装、密封　将番茄汁迅速注入已消毒的玻璃瓶或罐内，使瓶内（罐内）中心温度不低于75℃，立即趁热密封。

（10）杀菌、冷却　250g杀菌公式为3min—15min—18min/100℃，杀菌后迅速冷却至38℃左右。

3. 质量要求

（1）感官指标　番茄汁感官指标见表1-40。

表1-40　番茄汁感官指标

项　　目	指　　标
色泽	呈红色或橙红色,同一瓶内汁液色泽均匀一致
风味	具有鲜番茄汁应有之风味,无异味
组织及形态	汁液均匀混浊,不得有水析出及结块现象。长期静置后允许有轻度分离和沉淀,浓淡适中
杂质	不允许存在

（2）理化指标　番茄汁理化指标见表1-41。

表1-41　番茄汁理化指标

项　　目	指　　标
可溶性固形物	5%～7%(以折光计)
食盐	≤0.5%(以氯化钠计)
酸度	0.25%(以柠檬酸计)
pH	<4.3

（六）胡萝卜饮料

1. 工艺流程

原料选择 → 清洗 → 修整 → 去皮 → 切片 → 预煮 → 打浆 → 过滤 → 调配 → 均质 → 脱气 → 装瓶 → 封口 → 杀菌 → 冷却 → 成品

2. 操作要点

（1）原料选择　选用肉质脆嫩、纤维少、味甜、色泽橙红、表面光滑、没有病虫斑和机械伤的新鲜胡萝卜。

（2）清洗　将胡萝卜放进流动水中充分洗净，沥干。

（3）修整　削除蒂部青头和尾部根须。

（4）去皮、切片　采用手工去皮，用刨刀刨去胡萝卜表皮。也可采用碱液去皮，将胡萝卜浸入 2%～4% 的 NaOH 中 1.5～2min，碱液温度为 90～95℃。去皮后的胡萝卜用流动清水洗去皮屑和残留碱液，然后切成薄片。

（5）预煮　料液比 1:2，将去皮切片后的胡萝卜放进锅内，煮沸 5～10min，使蛋白质变性，增加果胶的溶解、淀粉的水解，色泽鲜艳，改善风味。

（6）打浆　将预煮后的胡萝卜捞出，放进打浆机中进行打浆，同时按胡萝卜与水 1:2 加入 80～90℃热水，使流出汁液为浆状，再用胶体磨磨成细浆液，用布袋过滤。

（7）调配　加糖调整胡萝卜汁中可溶性固形物达 12%～14%，同时加 0.2%～0.3% 柠檬酸，以调整汁液 pH 值为 3.9 左右。

（8）均质、脱气　在压力 180kgf/cm² 以上条件下均质，使胡萝卜汁中所含的粗大悬浮粒破碎，并均匀而稳定悬浮于汁液中。真空脱气，去除胡萝卜汁中氧气。

（9）装瓶、封口　将汁液加热至 85℃ 以上，装入已消毒的玻璃瓶中，使瓶内中心温度为 75℃ 以上，趁热封口。

（10）杀菌、冷却　将封好口的玻璃瓶投入沸水中杀菌 15～20min，然后分段冷却至 38℃ 左右。

3. 质量要求

（1）感官指标　胡萝卜汁感官指标见表 1-42。

表 1-42　胡萝卜汁感官指标

项　目	指　标
色泽	呈橙红色
风味	具有鲜胡萝卜应有之风味,酸甜适口,无异味
组织形态	汁液均匀混浊,静置后允许有少量果肉沉淀
杂质	无肉眼可见的外来杂质

（2）理化指标　胡萝卜汁理化指标见表 1-43。

表 1-43　胡萝卜汁理化指标

项　目	指　标
可溶性固形物	12%～14%(以折光计)
总酸度	0.2%～0.3%

 思考题

1. 如何防止苹果汁的褐变？

2. 比较混浊苹果汁及澄清苹果汁制作的异同点。

3. 影响果蔬汁饮料中维生素 C 稳定的因素有哪些？

4. 压榨取汁前，原料经过怎样的处理才能提高出汁率？

5. 生产混浊果蔬汁时为何要进行均质？

6. 果汁制作过程中脱气的目的是什么？实验中采用什么方法？

实验七

果蔬腌渍工艺

一、实验目的

了解蔬菜腌渍的基本原理。

掌握蔬菜腌渍的操作方法和操作要点。

二、实验原理

蔬菜腌渍的基本原理是利用食盐的高渗透压作用、微生物的发酵作用、蛋白质的分解作用以及其他一系列的生物化学的转化作用，使各种腌渍品具有特有的色、香、味、形，使蔬菜得以保藏。

三、材料与用具

各种蔬菜原料、食盐、蔗糖、黄酒、白酒、香料、泡菜坛等。

四、制作方法

（一）泡菜

利用泡菜坛造成的坛内缺氧状态，配制适宜乳酸菌发酵的低浓度盐水（4%～6%），对新鲜蔬菜进行腌制。

由于乳酸的大量生成，降低了制品及盐水的pH值，抑制了有害微生物的生长，提高了制品的保藏性。同时由于发酵过程中大量乳酸、少量乙醇及微量醋酸的生成，给制品带来爽口的酸味和乙醇的香气，同时各种有机酸又可与乙醇生成具有芳香气味的酯，加之添加配料的味道，都给泡菜增添了特有的香气和滋味。

1. 实验方法

（1）盐水参考配方（以水的质量计）　食盐4%，白酒2.5%，黄酒2.5%，白糖3%，红辣椒3%，八角茴香0.1%，花椒0.05%，胡椒0.08%，陈皮0.1%。

（2）工艺流程

原料→选择→洗净→切分→装坛→加卤水→发酵→管理→成品

（3）操作要点

① 原料的处理：新鲜原料经过充分洗涤后，应进行整理，不宜食用的部分均应一一剔

除干净，体形过大者应进行适当切分。

② 盐水的配制：为保证泡菜成品的脆性，应选择硬度较大的自来水，可酌加少量钙盐如 $CaCl_2$，用量为盐水的量的 0.05%，将浓度为 4% 的盐水煮沸冷却后，按照配方加入其他调味料。此外，为了增加成品泡菜的香气和滋味，各种香料最好先磨成细粉后再用布包裹。

③ 入坛泡制：泡菜坛子用前洗涤干净，沥干后即可将准备就绪的蔬菜原料装入坛内，装至半坛时放入香料包再装原料至距坛口 2 寸（1 寸＝3.33cm，下同）时为止，并用竹片将原料卡压住，以免原料浮于盐水之上。随即注入所配制的盐水，至盐水能将蔬菜淹没。将坛口小碟盖上，在水槽中加注盐水。将坛置于阴凉处任其自然发酵。

④ 泡菜的管理

a. 入坛泡制 1～2d 后，由于食盐的渗透作用原料体积缩小，盐水下落，此时应再适当添加原料和盐水，保持其装满至坛口下 1 寸为止。

b. 注意水槽：经常检查，水少时必须及时添加，保持水满状态，为安全起见，可在水槽内加盐，使水槽水含盐量达 15%～20%。

c. 泡菜的成熟期限：泡菜的成熟期随所泡蔬菜的种类及当时的气温而异，一般新配的盐水在夏天时需 5～7d 即可成熟，冬天则需 12～16d 才可成熟。叶菜类如甘蓝需时较短，根类菜及茎菜类则需时较长一些。

⑤ 泡菜制作中应注意事项

a. 坛口槽内的水要注满，保持清洁，揭盖时防止槽水滴入坛内。

b. 一般来说，泡菜成熟后，在短期内取食完毕，品质好。

c. 多开坛，易引进空气中的杂菌侵入坛内，使产品变质。

d. 若遇长膜生花，可加入白酒、醋，以减轻或抑制长膜。

2. 质量要求

（1）感官指标

色泽：依原料种类呈现相应颜色，无霉斑。

香气滋味：酸咸适口，味鲜，无异味。

质地：脆，嫩。

（2）理化指标 泡菜理化指标见表 1-44。

表 1-44 泡菜理化指标

项 目	指 标
食盐浓度	2%～4%（以 NaCl 计）
总酸	0.3%～1.8%（以乳酸计）

（3）卫生指标 符合相应种类食品的国家卫生标准要求。

（二）雪里蕻腌渍

1. 工艺流程

原料选择 → 整理 → 晾晒 → 排菜 → 撒盐 → 踏菜 → 下缸加压 → 成品

2. 操作要点

（1）原料选择 要求色泽浓绿，叶片肥嫩，发棵大，梗细嫩，不起薹，无虫害，无黄老叶。

（2）整理、晾晒　将选好的雪里蕻拍净泥土，剔出老叶、黄叶，削平老根，置于日光下晾晒至梗软，称重。

（3）排菜、撒盐、踏菜　雪里蕻下缸后，要分层腌制。每腌一层菜，要排菜、撒盐、踏菜三道工序一起完成后，再腌第二层，直到腌满为止。

① 排菜：将缸洗净后，擦干，先在底部撒一薄层盐，然后将整理好的菜从四边向中心螺旋竖直排列，缸底部第一层菜要叶子朝下，根部朝上，从第二层开始，根部朝下，叶子朝上，菜要排列松紧适当，厚薄均匀，便于食盐渗透、踏得平、梗挺直。

② 撒盐：用盐的多少关系到产品质量，要根据雪里蕻质量的优劣和贮藏时间的长短，确定用盐量。每100kg鲜雪里蕻用盐量7kg；如果贮藏期长，每100kg鲜雪里蕻用盐量12～13kg。撒盐要均匀，菜密处多些，疏处少些，用盐量掌握下轻上重的原则。

③ 踏菜：按排菜的方向从四边缓慢地转入中心，不能反踏。要求四边低，中心高。踏菜要轻而有力、踏熟出卤，特别是底部第一层菜必须踏出卤来，否则上面就难以出卤，但又不能踏得过重，避免菜身踏破。

（4）下缸加压　缸内装满后，撒一层盐，用蒲包铺在菜面上，加上洗净的重石块。经15～20d即可成熟食用。

3. 质量要求

（1）感官指标　色黄（重盐菜）或色青绿（淡盐菜），具有香气和鲜味，咸度适宜，无异味，质地脆嫩，无根须、老根、污物。

（2）理化指标　腌渍雪里蕻理化指标见表1-45。

表1-45　腌渍雪里蕻理化指标

项　　目	指　　标	项　　目	指　　标
水分	70%～78%	还原糖浓度	0.3%～0.34%
食盐浓度	12%～16%	氨基态氮	0.13%～0.15%

（3）卫生指标　符合相应种类食品的国家卫生标准要求。

（三）酱生姜

1. 工艺流程

原料选择 → 清洗 → 去皮 → 沥干 → 入缸 → 盐腌 → 切片 → 脱盐 → 初酱 → 复酱 → 成品

2. 配方

鲜生姜100kg，食盐25kg，稀甜面酱84kg。

3. 操作要点

（1）原料选择　选用寒露前收获的生姜为佳，该生姜皮色细白、质地脆嫩，姜味大、辣味小。剔出杂姜、老姜、坏姜。

（2）清洗、去皮　将选好的生姜洗净，放在桶内，加水后用木棒搅拌，脱去姜皮，然后沥干水分。

（3）盐渍　生姜盐渍采用卤腌法，即采用高浓度的盐水进行浸泡，腌制咸胚的方法：100kg鲜姜用10%盐水60kg，浸泡3～4d后，卤水浓度下降至7%～8%。如果不及时加盐，则生姜易变质。加盐后再浸泡5d左右，捞出，放入空缸内铺平压紧，加足盐水及封面盐贮存。

（4）切片、脱盐　用刀把咸胚生姜切成薄片，然后用水进行漂洗，脱盐。

（5）初酱　脱盐后的姜片立即装袋脱水，装袋不宜过紧，每袋 10～11kg 为宜，脱水时不宜用力过大。然后将菜胚放入一酱（已酱过一次菜胚的回收稀甜酱）进行初酱，每天翻缸一次，初酱 4d 后起缸。

（6）复酱　初酱后的菜胚，每 100kg 用 120kg 新鲜稀甜酱进行复酱，仍需每天翻缸一次。夏季酱 10d，春秋季酱 15d，冬季酱 20d 左右，即可食用。

4. 质量要求

（1）感官指标　褐色，有光泽，有酱香气、酯香气及浓郁的姜香气，味鲜美、质柔脆、无渣、无异味。

（2）理化指标　酱生姜理化指标见表 1-46。

表 1-46　酱生姜理化指标

项　　目	指　　标	项　　目	指　　标
水分	70%左右	氨基态氮	大于 0.18%
食盐浓度	11%～12%	总酸	小于 1%（以乳酸计）
还原糖浓度	9%以上		

（3）卫生指标　符合相应种类食品的国家卫生标准要求。

思考题

1. 试述蔬菜腌制的原理。

2. 制作泡菜时，坛口不密封可以吗？为什么？

3. 蔬菜腌制过程中脆度为什么会降低？

4. 蔬菜腌制品败坏的原因是什么？

5. 蔬菜腌渍过程中食盐的作用是什么？

6. 泡菜制作时，常出现的问题是什么，如何进行预防？

7. 试述泡菜发酵机理，腌制时是如何抑制杂菌的？

实验八

面包的制作

一、实验目的

了解并掌握面包制作的基本原理及操作方法。

通过实验了解并熟悉糖、食盐、水等各种食品添加剂对面包质量的影响。

初步学会鉴别面包常见的质量问题并能找出原因所在，同时制定纠正办法。

二、实验原理

面包是以小麦粉为主要原料，加入酵母、水、蔗糖、食盐、鸡蛋、食品添加剂等辅料，经过面团的调制、发酵、醒发、整形、烘烤等工序加工而成的。面团在一定温度下发酵，面团中的酵母利用糖和含氮化合物迅速繁殖，同时产生大量二氧化碳，使面团体积增大，结构酥松，多孔且质地柔软；发酵好的面团可以做成各种形状，也可以加入各种馅料；将整形好的面包坯放入醒发箱进行醒发；发酵完成后放入烤箱进行烘烤，在烤制过程中发生美拉德反应，形成色、香、味俱佳的面包。

三、材料与设备

1. 原材料

高筋面粉、砂糖、黄油、活性干酵母、盐、鸡蛋、面包改良剂、奶粉等。

2. 仪器设备

和面机、醒发箱、远红外线烤箱、烤盘、台秤、面盆、烧杯等。

四、制作方法

（一）面包的一次发酵生产工艺

1. 面包配方

高筋面粉 2000g，干酵母 16g，白砂糖 400g，鸡蛋 4 个，奶粉 60g，水 800g，黄油 200g，面粉改良剂 10g，盐 20g。

2. 工艺流程

原辅料 → 面团搅拌 → 静置 → 整形 → 醒发 → 烘烤 → 冷却 → 成品

3. 操作要点

（1）面团搅拌　也称调粉或和面，先将水、砂糖、鸡蛋放入搅拌缸中，开动机器慢速搅拌至糖溶解；然后加入面粉、改良剂、奶粉和酵母慢速搅拌约 5min 后改为高速搅拌，直到面团光滑时加入黄油和食盐，再慢速搅拌均匀后，改为高速搅拌，待面团面筋扩展，形成薄膜状，面团表面干燥且有光泽，细腻柔软，不粘缸时停止搅拌。切记不要搅拌过度。

（2）静置　将调好的面团从搅拌缸中拿出放到不锈钢操作台上，静置 15min 左右。

（3）整形　即将发酵面团做成一定形状面包坯的过程。整形包括分块、称重、搓圆、中间醒发、成形、装盘等工序。分块和称重是将发酵好的大面团分割成 70g 左右小面团并称重；搓圆采用的手法：手心向下，五指稍微弯曲，用掌心夹住面团，向下倾压并在面板上顺着一个方向迅速旋转将面块搓成圆球状。中间醒发也称静置或松弛，将搓圆的面团码放在托盘中，在室温条件下，放置 25～30min；成形是将完成中间醒发的面团采用揉、捏、包、擀、卷、切等手法制成各式花样面包坯。

（4）醒发　也称最后醒发，就是把成形后的面包坯放在一定的温度、湿度条件下再一次经过一定时间发酵，使其达到应有的体积和形状。经过醒发的面包坯体积膨胀 2～3 倍为适度。醒发条件为时间 55～65min，温度 38～42℃，相对湿度 80%～90%。

（5）烘烤　将醒发好的面团表面涂刷一层蛋液或其他装饰，然后放入烤箱中进行烘烤。烘烤面火 180℃，底火 180℃，时间 15min 左右。

（6）冷却　将烤熟的面包从烤箱中取出，自然冷却后包装。

（二）面包的二次发酵生产工艺

1. 制作工艺流程

2. 操作要点

种子面团配料是将所有的酵母和绝大部分的水和面粉、辅料投入面缸中搅拌，余下步骤基本与面包一次发酵生产工艺相同，不再赘述。

二次发酵法的优点是面包的体积大，表皮柔软，组织细腻，具有浓郁的芳香风味，且成品老化慢。缺点是投资大，生产周期长，效率低。

（三）面包快速发酵生产工艺

1. 制作工艺流程

快速发酵法是指发酵时间很短（30～50min）或根本无发酵的一种面包加工方法。整个生产周期只需 2～3h。其优点是生产周期短，生产效率高，投资少。缺点是成本高，风味相对较差，保质期较短。

2. 鉴别面团发酵成熟度的方法

（1）回落法　面团发酵一定时间后，面团中央部位开始向下回落，即为发酵成熟。但要掌握在面团刚开始回落时观察，如果回落幅度太大则发酵过度。

（2）手触法　用手指轻轻按下面团，手指离开后，面团既不弹回，也不继续下落，表示发酵成熟；如果很快恢复原状，表示发酵不足，如果面团很快凹下去，表示发酵过度。

（3）温度法　面团发酵成熟后，一般温度上升 4～6℃。

五、质量要求

（一）感官指标

（1）色泽

良质面包——表面呈金黄色至棕黄色，色泽均匀一致，有光泽，无烤焦、发白现象存在。

次质面包——表面呈黑红色，底部为棕红色，光泽度略差，色泽分布不均。

劣质面包——生、煳现象严重，或有部分发霉而呈现灰斑。

（2）形状

良质面包——圆形面包必须是凸圆的，听型的面包截面大小应相同，其他的花样面包都应整齐端正，所有面包表面均向外鼓凸。

次质面包——略有些变形，有少部分粘连，有花纹的产品不清晰。

劣质面包——外观严重走形，塌架、粘连都相当严重。

（3）组织结构

良质面包——切面上观察到气孔均匀细密，无大孔洞，内质洁白而富有弹性，果料散布均匀，组织蓬松似海绵状，无生心。

次质面包——组织蓬松暄软的程度稍差，气孔不均匀，弹性也稍差。

劣质面包——起发不良，无气孔，有生心，不蓬松，无弹性，果料变色。

（4）气味与滋味

良质面包——食之香甜暄软，不粘牙，有该品种特有的风味，而且有酵母发酵后的清香味道。

次质面包——柔软程度稍差，食之不利口，应有风味不明显，稍有酸味但可接受。

劣质面包——粘牙，不利口，有酸味、霉味等不良气味。

（二）卫生指标

符合相应种类食品的国家卫生标准要求。

思考题

1. 面包中间醒发的目的是什么？

2. 面包坯在烘烤中色、香、味、形是如何形成的？

3. 影响面团持气能力的因素有哪些？是如何影响的？

实验九

蛋糕的制作

一、实验目的

掌握蛋糕的制作原理及方法。

熟悉并掌握蛋糕制作主要工序的操作要点。

二、实验原理

蛋糕是以鸡蛋、面粉、白糖等为原料，经打蛋、调糊、注模、焙烤（或蒸制）而成的组织松软、细腻并有均匀的小蜂窝，富有弹性，入口绵软，较易消化的面制品。

蛋糕制作主要是利用蛋白的发泡性。蛋白在打蛋机的高速搅打下，蛋液卷入大量空气，形成了许多被蛋白质胶体薄膜所包围的气泡，随着搅打不断进行，空气的卷入量不断增加，蛋糊体积不断增加。刚开始气泡较大而透明，并呈流动状态，空气泡受高速搅打后不断分散，形成越来越多的小气泡，蛋液变成乳白色细密泡沫，并呈不流动状态。气泡越多越细密，制作的蛋糕体积越大，组织越细致，结构越疏松柔软。另外所加入的泡打粉是复合疏松剂，也起到了对蛋糕疏松的作用。

三、材料与设备

1. 实验材料

面粉、鸡蛋、白糖、植物油、泡打粉等。

2. 设备

不锈钢容器、打蛋机、不锈钢模、刷子、烤盘、烤箱等。

四、制作方法

1. 工艺流程

配料 → 打蛋 → 调糊 → 注模 → 烘烤 → 冷却 → 成品

2. 配方

鸡蛋 1200g，白糖 600g，低筋面粉 850g，水 600g，泡打粉 20g，植物油 100g，香兰素

1g，蛋糕油 85g。

3. 操作要点

（1）打蛋浆　将鸡蛋洗净打入搅拌器中，同时加入白糖、植物油、香兰素（事先用热水溶解）、水，低速搅拌 3min，然后加入蛋糕油高速搅打 10min 左右，当蛋液充气后体积增大为原体积的 3 倍时停止。

（2）调糊　将面粉和泡打粉混匀后过筛，掺入蛋液内进行拌和，不可搅拌过度而起筋，而且要搅拌均匀，不可有生面团存在。

（3）上模　蛋糕模先预烤涂油或者垫上蛋糕纸，注入蛋糊，注入量应为模的 80% 左右为好。

（4）烘烤　注好蛋糊的烤模放在烤盘上，放入烤箱内烘烤。控制面火 180℃，底火 180℃，17min 后调整面火 210℃，再烘烤 3～5min，至完全熟透为止（用竹签插入糕坯内拔出无黏附物），表面呈现棕黄色即可。

（5）冷却　将蛋糕从烤箱中取出，趁热及时将蛋糕倒出烤模，冷却后包装。

五、产品的质量标准

1. 感官指标

蛋糕的感官指标见表 1-47。

表 1-47　蛋糕的感官指标

项　　目	指　　标
形态	外形完整;块形整齐,大小一致;表面略鼓,底面平整;无破损,无粘连,无塌陷,无收缩
色泽	外表金黄至棕红色,无焦斑,剖面淡黄,色泽均匀
滋味及气味	爽口,甜度适中;有蛋香味及该品种应有的风味;无异味
组织及形态	松软有弹性;剖面蜂窝状小气孔分布较均匀;无糖粒,无粉块
杂质	无肉眼可见的外来杂质

2. 理化指标

蛋糕的理化指标见表 1-48。

表 1-48　蛋糕的理化指标

项　　目	指　　标
水分	15%～30%
总糖	≥25.0%
蛋白质	≥6.0%

3. 卫生指标

符合相应种类食品的国家卫生标准要求。

 思考题

1. 叙述蛋糕疏松结构的形成原理。

2. 鸡蛋的质量对蛋糕品质有何影响？

实验十

（韧性）薄脆饼干的制作

一、实验目的

通过实验熟练掌握韧性饼干的制作工艺及其特性。

二、实验材料

饼干面粉 5kg，色拉油 500g，白砂糖 1kg，柠檬酸 10g，奶粉 130g，香兰素 7g，泡打粉 17g，奶油精 20mL，芝麻香精 20mL，碳酸氢铵 80g，碳酸氢钠 40g，焦亚硫酸钠 7g，单甘酯 5g，水 1.2kg。

三、制作方法

1. 工艺流程

2. 操作要点

（1）糖浆的配制 500g 水烧开加入白砂糖，将糖完全溶解烧开后，加入柠檬酸 10g，慢火加热 5 min，冷却，待用。

（2）面团的调制 首先将面粉、奶粉、泡打粉、单甘酯称好后倒入和面机内搅匀，加入油、糖浆搅拌，再将香兰素、碳酸氢铵、碳酸氢钠用凉水溶解后加入，再加入各种香精，搅拌 5min 后，面筋初步形成时加入焦亚硫酸钠溶解液（焦亚硫酸钠用水溶解），继续搅拌，搅拌到使已经形成的面筋在机械作用下，逐渐超越其弹性限度使弹性降低时为止。

（3）辊轧 经过三道辊轧的面团可使制品的横切面有明晰的层次结构。

（4）成形 冲印成形。

（5）烘烤 温度 185～220℃。

（6）冷却、包装 饼干刚出炉时，由于表面层的温度差较大，为了防止饼干破裂、收缩和便于贮存，必须待其冷却到 30～40℃后，才能进行包装。

四、质量要求

（1）色泽 浅黄色至黄色，均匀一致。面色与底色基本一致，表面有光泽。

（2）形态　外形完整，底部平整。大小、厚薄均匀一致，花纹图案清晰，表面无生粉，凹低面积不超过底面积的 1/3。

（3）组织　层次分明，无大空隙。

（4）口味　松脆爽口，香甜耐嚼，具有该品种特有的口味，无异味。

（5）杂质　无油污、无杂质。每块饼干 1mm 以下黑点不超出 2 个。

实验十一

糕点的制作

一、桃酥的制作

（一）实验目的

通过桃酥的制作，掌握酥点类糕点的制作工艺。

（二）材料与设备

（1）配料 面粉 15kg，白糖 6kg，花生油 6kg，碳酸氢铵 300g，泡打粉 300g，鸡蛋 2kg，水 2kg。

（2）外用料 芝麻 750g。

（3）主要设备 烤箱、和面机。

（三）制作方法

1. 工艺流程

称料 → 调粉 → 成形 → 烘烤 → 冷却 → 包装

2. 操作要点

（1）调制面团 首先将糖、鸡蛋、油、碳酸氢铵、泡打粉置于和面机内搅拌均匀后，再放入水搅拌均匀，最后加入面粉调制成软硬适度的面团。但调制时间不宜过长，防止面团上筋。

（2）成形 把调制好的面团分成小剂，用手拍成高状圆形，按入模内，按模时应按实按平，按平后削平然后磕出，成形要规则。将磕出的生坯行间距适当地码入烤盘内，最后在生坯中间按一个凹眼，分别撒芝麻。

（3）烘烤 入炉，上下火力要稳，不宜高，一般在 160℃ 左右，上下火力一致，熟透后出炉。冷却包装。

（四）质量标准

（1）色泽 表面色泽为金黄色，裂纹内淡黄色，均匀一致。

（2）口味 酥松可口，具有芝麻香味，无异味。

（3）规格 规格整齐，薄厚一致，裂纹均匀。

（4）内部组织 有细小均匀的蜂窝，不欠火，不青心。

二、酥皮枣泥的制作

（一）实验目的

通过酥皮枣泥的制作熟练掌握酥皮类糕点的技术。

（二）材料与设备

（1）配料

皮面：面粉 9kg，大油 1.8kg，水 4.25kg。

油酥：面粉 12kg，大油 6kg。

馅：枣泥 22.5kg，芝麻 1kg。

（2）主要设备　和面机、烤箱等。

（三）制作方法

1. 工艺流程

配料 → 和面 → 破酥 → 包馅 → 成形 → 美化码盘 → 烤制 → 冷却

2. 操作要点

（1）调制皮面　先将大油加温水化开，搅拌均匀达到一定的乳化程度，再加入面粉，搅拌，调制成面团，分成 8 块备用。

（2）制油酥　将面粉、油搅拌均匀，搓成油酥分成六块备用。

（3）制馅　将炒制好的枣泥馅半成品加入芝麻，搓揉均匀即可。

（4）破酥　破酥时要做到皮酥相对，先将皮面擀成长方形的面片，中间厚上下薄，然后将酥面均匀地摊铺在皮面上，先从左右两头擀一窄边，再从上边往里包裹（往下擀）使其剂口正好压在面卷底部（荏口朝面案），然后用手压实一下，使其荏口粘牢，并在上面撒上面，然后翻转荏口朝上，用擀面杖或走锤擀成下宽 50cm 左右、长 100cm 的面片，先从两头切去，一条复在大片上按实，再顺长从中间一刀开，成为宽 25cm、长 100cm 的两片相等面片，从中间刀口处往外卷，即成较大的面条再揉搓切断。

（5）包馅　要求做到皮、馅均匀，系口严整，不偏皮，分量准确。

（6）成形　用手团圆并按成圆饼状，打戳记。

（7）美化码盘　美化时产品表面做到戳记清楚、端正，点饰辅料位置适当，美观大方，码盘时生坯要轻拿轻放，行间距离要均匀，数量合适，烤盘要擦净。

（8）烘烤　入炉大底火，中温上火，直到出炉。

（四）质量标准

（1）色泽　表面为金黄色，底板为棕黄色，不得焦煳。

（2）口味　酥松绵软，有浓郁的枣泥香味。枣泥稍有筋劲感，不得有焦煳味。

（3）形态　大小均匀，端正，馅皮匀称，层次分明，美观大方。

（4）内部组织　酥松起皮，皮酥层次清楚，不混酥，馅皮分明均匀，馅内小料均匀，无夹杂物。

三、糖舌酥的制作

（一）实验目的

通过实验熟练掌握酥皮类糕点的方法。

（二）材料

1. 配料

皮面：面粉 13.5kg，大油 2.75kg，白糖 0.5kg，水 6kg。

糖酥：面粉 11kg，熟面粉 5.5kg，大油 1kg，白糖 8.5kg，桂花 750g，花椒面 75g。

2. 外用料

面粉 1kg。

（三）制作方法

1. 工艺流程

配料→ 和面 → 破酥 → 成形 → 烘烤 → 冷却

2. 操作要点

（1）调制面皮　先将白糖、大油加温水化开，搅拌均匀，达到一定的乳化程度，再加入面粉，搅拌制成面团，分成 10 块备用。

（2）制糖酥　先将大油、白糖、桂花、花椒面搅拌成乳化状态，再加入面粉，搓成油酥，分成 10 块备用。

（3）成形　水皮和糖酥，分别下小剂 120 个。一个水皮包一个糖酥，擀成片，卷成喇叭筒形，再擀成一头宽一头窄的薄片后，再从小头开始卷，卷条要松，卷筒粗细与大头一致，再擀成长 90mm、宽 35mm。

（4）烘烤　中温火。

（四）质量标准

（1）色泽　表面和底面均为棕黄色，均匀一致。

（2）口味　酥脆香甜可口，无异味。

（3）形态　长短厚薄均匀一致，不脱皮。

（4）内部组织　酥松起发，层次分明、清楚，层次中间有空隙，不混酥。

实验十二

松花蛋的加工

一、实验目的

通过实验加深对皮蛋制作基本原理的理解。

初步掌握原、辅材料的选择及加工工艺、操作要领。

二、实验原理

松花蛋又称皮蛋、变蛋、碱蛋或泥蛋，虽然品种很多，工艺各不相同，但加工过程中所用的辅料大同小异，加工原理基本相同，都是在不同浓度的碱液中，使蛋白蛋黄凝固的过程。首先是蛋白的迅速液化，工艺上称为"化清期"（盐溶作用）。其次由液化而逐渐凝固并具有弹性，此时称为"凝固期"（盐析作用）。在凝固初期，变化尚在进行，色泽仍不明显，随后因变化的不断发展，即出现由浅到深的玳瑁色泽。蛋黄从边缘到中心凝集和变色反应，这一阶段称"成色期"或"成熟期"。此时在蛋白和蛋黄之间，产生密集的松枝状的结晶，蛋黄绝大部分凝集着绚丽的彩色，标志着松花蛋已成熟可供食用。

三、材料与用具

缸、秤、新鲜禽蛋、照蛋器、氢氧化钠（生石灰、纯碱）、食盐、红茶、一氧化铅、氧化锌、大料、花椒、桂皮、柏树枝。

四、松花蛋形成过程

氢氧化钠的作用：鲜蛋转化为松花蛋的过程，起主要作用的是一定浓度的氢氧化钠、生石灰和纯碱。在有水的状态下其反应式为：

$$CaO + H_2O \longrightarrow Ca(OH)_2$$

$$Ca(OH)_2 + Na_2CO_3 \longrightarrow 2NaOH + CaCO_3$$

鲜蛋在 $40 \sim 60g/L$ 氢氧化钠的料液中，首先蛋白迅速液化，pH 迅速由 $8 \sim 9$ 增加到 11以上；其次随着氢氧化钠逐步渗透到蛋黄内部，蛋白中的氢氧化钠浓度逐步降低，因而蛋白渐次凝结成胶体状态，产生弹性，进而出现色泽，形成松花，这都与氢氧化钠的作用有关。反之如果鲜蛋浸泡在 $65g/L$ 以上的氢氧化钠溶液中，因为碱度过大蛋白液化，不能再凝固，蛋白中的蛋白质和胶原被浓碱所破坏，而进入蛋黄的氢氧化钠又超过极限，蛋黄出现硬结，即所谓"蜡黄蛋"，失去食用价值。所以加工松花蛋时，掌握好氢氧化钠的合理浓度是很重要的一个环节。

蛋白质的变性与凝胶：卵白蛋白如与碱性物质化合，迅速变为溶液状态，蛋白"化清期"就是这个变化，以后碱逐渐渗入蛋黄，蛋白中碱的含量相对地降低，如碱的浓度适合，卵白蛋白就在水的参与下，成为凝胶状物质。但这种物质极不稳定，如遇碱性过重，或由于温热作用，蛋白又会从凝胶状态，渐次分解为溶液状态，称为"碱伤"。所以料液碱性适中的松花蛋，呈凝胶状，并有明显的弹性。而料液中碱性太浓时，蛋白液化，就是这种变化的反映。

色泽的产生和变化：蛋白质除卵白蛋白与甘露糖结合存在外，半白蛋白、卵黏蛋白、蛋类黏蛋白也是和甘露糖、半乳糖呈结合状态而存在的。此外，还有部分游离的甘露糖和半乳糖，这样醛糖和氨基的化合物及其混合物与碱性物质相遇时，就会出现瑁玳色、茶红色乃至墨绿色的反应，这就是松花蛋蛋白呈现颜色的机理。松花蛋蛋黄常呈黑褐色或墨绿色，这是由于蛋黄黄体色素的硫化还原，而又与硫化氢相结合的缘故。蛋黄中的蛋白质由卵黄磷蛋白和蛋黄球蛋白组成，其中硫的成分比较多，在卵黄磷蛋白中含有胱氨酸1.2%，而在卵球蛋白中含胱氨酸3.5%，所以蛋黄中有硫化氢产生，同时，蛋白中的卵白蛋白含1.4%的胱氨酸，蛋白中所产生的硫化氢也浸入蛋黄内。蛋黄中的黄体色素、玉米黄素，在碱作用下与硫化氢结合形成墨绿色。但这种色素极不稳定，若将松花蛋切开久放，随着硫化氢的挥发又会变为黄色。蛋白的分解产物硫化氢和蛋黄中的铁化合也出现颜色。所以松花蛋五颜六色，并不是茶叶色进入蛋内的结果，而是通过上述一系列变化所致。正所谓"蛋好松花开，花开皮蛋好"。

五、操作方法

（1）原料蛋准备　用照蛋器将原料蛋逐个进行光照检验，剔除裂纹蛋，气孔少或无气孔的钢壳蛋以及气孔大、蛋壳较薄的砂壳蛋。

（2）装缸　先在缸底铺一层薄薄的稻壳，再将选好的原料蛋装入缸内。装蛋时要求大头向上直到装入八成满为止。然后用自制的竹篾压在蛋面上以防止加入料液后蛋浮起。

（3）配料　配料是加工松花蛋关键性的步骤：鸡蛋2kg，氢氧化钠106g，食盐100g，红茶50g，一氧化铅1g，氧化锌3g，开水2kg（大料15g，花椒20g，桂皮20g，柏树枝少许）。

（4）配制料液　将大料、花椒、桂皮、柏树枝少许在锅中煮沸10～20min，过滤，趁热倒入盛有碱面、红茶、食盐、氧化铅（或硫酸锌）的陶瓷缸中，待料液不再沸腾后，充分搅拌均匀。当料液冷却到30℃以下时，便可灌料。

（5）灌料　当料液冷却后，用勺或搪瓷杯将料液沿缸壁全部灌入装好的蛋缸内，直至鸡蛋全部浸入料液中，然后用双层塑料布将缸口扎紧，置于阴凉干燥的地方。

（6）成熟　每种配方都有一个基本稳定的成熟期，但成熟期并不是固定不变的，它随加工条件、温度、配料质量的变化而随之变动。因此，应在成熟前3～5d内抽样检查，成熟良好的松花蛋剥壳检查时，蛋清凝固光洁，不粘壳，呈棕红色或棕褐色，蛋黄大部分凝固，外部呈黄色，内部为青绿色。

（7）出缸　完全成熟的松花蛋应立即出缸以防止碱伤。出缸前应准备好凉开水以备洗蛋，特别在冬季水温不宜过高，否则会使成熟好的松花蛋破裂。洗蛋时，工作人员要戴耐酸碱的手套或用笊篱将蛋逐个捞出，放入凉开水中；也可用料液中的上清液洗蛋，以洗去蛋壳表面的残液，放入竹筛中晾干后包泥滚糠或用液体石蜡涂膜保存。

（8）包泥滚糠　为了便于保存和运输，出缸和洗净的松花蛋应包泥滚糠。包泥前应将破蛋、裂纹蛋、水响蛋剔除，然后用浸泡过蛋的稠料与黄土调成稠泥状，将蛋逐个包上 2～3mm 厚的稠泥，再盖上薄薄一层稻壳或锯末，装入筐、箱或缸中，以便贮存或销售。

1. 松花蛋的制作原理是什么？
2. 松花蛋的加工过程中，要点是什么？

实验十三

猪肉松的加工

一、实验目的

了解肉松的加工过程，掌握肉松的加工方法。

二、实验原理

肉松是将肉煮烂，再经过炒制、揉搓而成的一种营养丰富、易消化、食用方便、易于贮藏的脱水制品。除猪肉外还可用牛肉、兔肉、鱼肉生产各种肉松。我国著名的传统肉松产品是太仓肉松和福建肉松。

三、材料与设备

1. 材料

新鲜精瘦猪肉、白砂糖、食盐、酱油、生姜、八角茴香。

2. 设备及器具

电磁炉、锅、铲、砧板、刀、托盘。

四、操作方法

1. 工艺流程

原料选择 → 预处理 → 煮制 → 炒压或擦松 → 炒干 → 冷却 → 包装 → 成品

2. 操作要点

（1）原料选择　选用肉质细嫩、煮之易熟的猪后腿瘦肉为原料。

（2）预处理　将选择好的原料肉剔骨、去脂肪、筋腱、淋巴、血管等不宜加工的部分，然后顺着肌肉的纤维纹路方向切成 2cm 左右长和宽的肉块，清洗干净，沥干备用。

（3）煮制　先把肉放入锅内，加入一定量的水，没过肉为好，煮沸，撇去浮油，然后按配方加入香料，继续煮制，直到将肉煮烂，时间为 30~40min。煮制终点判断，采用筷子夹肉能破坏肌肉纤维即为终点。

参考配方如下：瘦肉 500g，白砂糖 15g，食盐 13g，酱油 10mL，生姜 15g，八角茴香 4g，料酒 10mL，味精 1g，花椒 0.5g，小茴香 0.5g。

（4）擦松　擦松的主要目的是将肌肉纤维分散，是一个机械作用的过程，可用擦松机完成。实验室中用手工撕开的方法将肌肉纤维初步分开。

（5）炒干　在炒干阶段，主要目的是炒干水分并炒出颜色和香气。炒制时，要注意控制火力大小和水分蒸发程度，当肌肉纤维产生绒毛时，可用手搓松，边翻边炒，颜色由灰棕色变为金黄色，成为具有特殊香味的肉松为止。

五、质量要求

1. 感官指标

肉松呈金黄色或淡黄色，带有光泽，絮状，纤维疏松，香味浓郁，无异味，咀嚼后无渣，成品中无焦斑、碎骨、筋膜及其他杂质。

2. 理化指标

水分≤20％。

3. 卫生指标

符合相应种类食品的国家卫生标准要求。

1. 叙述肉松和肉干在保藏原理、加工工艺和产品形式方面的异同。
2. 煮肉时撇去浮油对产品质量有何影响？

实验十四

牛肉干的加工

一、实验目的

了解肉干的加工过程，掌握肉干的加工方法。

二、实验原理

干制是一种古老而又传统的食品保藏加工方法。肉干是用猪、牛等瘦肉经煮熟后，加入配料复煮，烘烤而成的一种肉制品，按原料可分为牛肉干和猪肉干等；按照形状可分为片状、条状、粒状等；按配料可分为五香肉干、辣味肉干和咖喱肉干等。

三、材料与设备

1. 材料

新鲜精瘦牛肉、白砂糖、五香粉、辣椒粉、食盐、味精、黄酒、茴香粉、酱油等。

2. 设备及器具

干燥箱、电磁炉、锅、铲、砧板、刀。

四、操作方法

1. 工艺流程

原料选择 → 预处理 → 预煮与成形 → 复煮 → 烘烤 → 冷却 → 包装 → 成品

2. 操作要点

（1）原料选择　选择新鲜牛后腿或前腿瘦肉最佳。因为腿部肉蛋白质含量高，脂肪含量少，肉质好。

（2）预处理　将选择好的原料肉剔骨、去脂肪、筋腱、淋巴、血管等不宜加工的部分，然后切成 100g 左右的肉块，用清水浸泡，萃取血水、污物，约 1h，再用清水漂洗、洗净、沥干。

（3）预煮与成形　将切好的肉块放入锅中，用清水煮 30～40min，同时不断去除液面的浮沫，然后捞出切成 0.5cm×2.0cm×2.0cm 的肉片，原汤待用。

（4）复煮　取一部分预煮汤汁（汤汁的上清液，量和半成品的量相同），加入配料，大火煮开，将半成品牛肉倒入锅中，用小火煮制，并不时轻轻翻动，待汤汁快干时，把肉片取出沥干。

配料比例如下：牛肉 1kg，白糖 25g，五香粉 3g，辣椒粉 3g，食盐 16g，味精 3g，曲酒（黄酒）10 mL，茴香粉 1.5g，花椒粉 3g，姜 15g，酱油 12mL。

（5）烘烤　将沥干后的肉片平铺在不锈钢盘上，放入烘箱，温度控制在 65～75℃，烘烤 4～6h 即可，注意经常翻动，以防烤焦，烤到肉发硬变干，具有芳香味的时候即成肉干。

（6）冷却及包装　肉干烘烤结束后，应冷却至室温。未经冷却直接进行包装，会在包装容器中产生冷凝水，使肉片表面湿度增加，不利于保藏。

五、质量要求

1. 感官指标
形态：呈片状，厚薄、大小均匀，表面有细微的绒毛或香辛料。
色泽：呈棕黄色或褐色，色泽基本一致、均匀。
滋味和气味：具有该产品特有的滋味和气味，味道鲜美，甜咸适中，回味浓郁。

2. 理化指标
水分≤20%，脂肪≤10%，蛋白质≥40%，氯化物≤7%，总糖≤30%。

3. 卫生指标
符合相应种类食品的国家卫生标准要求。

思考题

1. 肉干的保藏原理是什么？
2. 影响肉干品质的因素有哪些？

实验十五

冰淇淋的制作

一、实验目的

了解并掌握冰淇淋制作的基本原理。

熟悉并掌握冰淇淋的制作工艺。

掌握冰淇淋凝冻机的操作。

二、实验原理

冰淇淋是以饮用水、乳品、蛋品、甜味剂、食用油脂等为主要原料，加入适量的香料、增稠剂、着色剂和乳化剂等食品添加剂，经混合、灭菌、均质和老化凝冻等工艺或再经成形、硬化等工艺制成的冷冻饮品。

三、材料与设备

1. 材料

全脂奶粉、白砂糖、麦芽糊精、玉米糖浆、棕榈油、冰淇淋复合稳定乳化剂、香精等。

2. 设备

电子天平、电磁炉、胶体磨、均质机、冰淇淋凝冻机等。

四、操作方法

1. 冰淇淋配方（新鲜甜牛奶冰淇淋）

全脂奶粉 400g，棕榈油 280g，麦芽糊精 100g，白砂糖 600g，玉米糖浆 400g，冰淇淋乳化稳定剂 20g，鲜奶香精 10g，水 3200g。

2. 工艺流程

3. 操作要点

（1）原料称量　按照配方称取冰淇淋所需原辅料。

（2）处理及混合　先往锅中加入 50％左右的水（大约 1500mL），加热至 50℃；然后加入称量并混合好的原料（白砂糖、全脂乳粉、乳化稳定剂、麦芽糊精）；再加入黏度高的原料（棕榈油、玉米糖浆），搅匀后再加入剩余的水，搅拌均匀。混合溶解时的温度通常为 40~50℃。

（3）巴氏杀菌　混合料杀菌时必须控制温度逐渐由低而高，不宜突然升高，时间不宜过长，否则蛋白质会变性，稳定剂也可能失去作用。采用电磁炉煮制的方法进行灭菌，同时测定温度，灭菌温度应控制在 75~78℃，时间 15min。灭菌过程火力不要太大以防焦锅。

（4）均质　杀菌的混合料通过 80 目筛过滤后进行均质。均质压力为 12~15MPa，均质温度控制在 65~70℃。本次实验采用胶体磨进行均质 2 次。

（5）冷却、老化　将均质后的混合料冷却至 8~10℃。放入桶或者盆中，在冰柜中快速降温至 2~4℃进行老化，老化时间 0.5h。在凝冻前 30min 将鲜奶香精加入并搅匀。

（6）凝冻　将老化好加入香精的混合料液加入到冰淇淋凝冻机的物料槽中，先按清洗键，从接口放出一些混合料再加入到物料槽中。然后按冷冻键进行凝冻，等凝冻达到预设参数完成凝冻过程。

（7）灌装成形　将凝冻后的冰淇淋从出料口定量灌注在蛋筒中，即为新鲜冰淇淋，可直接食用。

（8）硬化、贮藏　将灌装好的冰淇淋迅速置于−25℃以下，经过一定时间凝冻，以固定其组织状态，增加成品硬度。

五、产品的质量标准

1. 感官指标

色泽：色泽均匀，具有该品种应有的颜色。

组织状态：形态完整，大小一致，不变形，不软塌，不收缩；细腻润滑，无凝粒，无明显粗糙的冰晶，无气孔。

滋味：有奶香味，香气纯正，无异味。

杂质：无肉眼可见杂质。

2. 理化指标

总固形物≥30％，脂肪≥8％，蛋白质≥2.5％，膨胀率＞10％。

3. 评价方法

按照 SB/T 10013—2008《冷冻饮品　冰淇淋》进行评价。

 思考题

1. 均质在冰淇淋制作中的作用有哪些？

2. 冰淇淋是一种多相体系，加入的乳化稳定剂作用是什么？

实验十六

酸奶的制作

一、实验目的

了解酸奶产品的种类。

熟悉并掌握酸奶的原理和制作工艺。

掌握封口机的操作方法。

二、实验原理

酸奶是在牛奶中加入乳酸菌发酵剂，由于乳糖发酵产生乳酸使牛乳的 pH 值降至其等电点凝固而成的一种产品。乳酸发酵受到原料乳质量、处理方式、发酵剂的种类及加入量、发酵温度和时间等多种因素的影响。

三、材料与设备

1. 材料

UHT 牛奶、白砂糖、乳酸菌发酵剂、塑料杯等。

2. 设备

电子天平、电磁炉、胶体磨、恒温培养箱、封口机等。

四、实验方法

1. 酸奶配方

1L UHT 灭菌奶，1g 乳酸菌发酵剂，80g 白砂糖。

2. 工艺流程

原料称量 → 混合 → 均质 → 接种 → 灌装 → 封口 → 发酵 → 冷却 → 后熟 → 成品

3. 操作要点

（1）原料称量　按照配方称取制作酸奶所需的牛奶和白砂糖。

（2）混合　把牛奶和白砂糖放入经过灭菌的不锈钢盆中，搅拌溶解。

（3）均质　采用胶体磨对混合的物料进行均质两次。胶体磨要提前清洗干净，同时用烧开的水清洗两次。

（4）接种　将均质好的牛奶，按照配方加入乳酸菌发酵剂并搅拌溶解。溶解方法是先取少量牛奶溶解乳酸菌发酵剂，然后再加入到经过均质的牛奶中，搅拌均匀即可。

（5）灌装封口　将上述步骤中搅拌均匀的牛奶灌装到经过消毒的塑料杯容器中，然后采用封口机封口。灌装量为90%，不可过量。

（6）发酵　将灌装封好口的牛奶放入恒温发酵箱中进行发酵，发酵温度为42℃，发酵时间为8h。

（7）冷却　将发酵好的酸奶放入4℃的冰箱中进行冷却，目的是迅速有效抑制乳酸菌的生长，降低酶的活性，防止产酸过度；同时提高酸奶质量，食后有清凉可口的感觉。

（8）后熟　酸奶在4℃条件下冷藏，可以促进香味物质的产生，改进酸奶的硬度。产生香味物质的高峰期一般是制作完成后的第4小时，一般12～24h完成。

五、质量要求

1. 感官指标

呈现均匀一致的乳白色或淡黄色；具有酸奶固有的滋味和气味；组织细腻、均匀，允许有少量的乳清析出。

2. 理化指标

非脂乳固体≥8.1%，脂肪≥3.1%，蛋白质≥2.9%，酸度≥70°T。

3. 微生物指标

乳酸菌群>1×10^6cfu/mL。

4. 评价方法

按照 GB 19302—2010《食品安全国家标准　发酵乳》进行评价。

思考题

1. 酸奶加工对原料有什么要求？

2. 本实验制作的是为凝固型酸奶，与搅拌型酸奶相比，工艺有何异同点？

3. 与传统乳酸菌发酵剂相比，复合乳酸菌发酵剂制备酸奶有哪些优点？

实验十七
液体食品输送用离心泵性能测定

一、实验目的

熟悉离心泵的构造与特性。

学习离心泵操作方法和离心泵特性曲线的测定方法。

了解离心泵特性曲线的应用。

二、实验原理

在一定转速下，离心泵的压头 H、轴功率 N 及效率 η 均随实际流量 Q 的大小而改变，通常用水做实验测出 H-Q、N-Q、及 η-Q 之间的关系，并以曲线表示，称为泵的特性曲线。

泵的特性曲线是确定泵的适宜操作条件和选用离心泵的重要依据。

如果在泵的操作中，测得其流量 Q，进、出口的压力和泵所消耗的功率（即轴功率），则可求得其特性曲线。

在离心泵进、出口管装设真空表和压力表，在相应的两截面列出机械能衡算方程式（以单位重量液体为衡算基准）：

$$z_1 + \frac{p_1}{\rho g} + \frac{u_1^2}{2g} + H = z_2 + \frac{p_2}{\rho g} + \frac{u_2^2}{2g} + H_f \tag{1.1}$$

由于在测试离心泵特性曲线时，两取压口尽量靠近离心泵的进、出口，因此两截面之间的管路较短，忽略两截面之间的压头损失，即 $H_f = 0$，并令 $z_2 - z_1 = h_0$，整理后得：

$$H = h_0 + \frac{p_2 - p_1}{\rho g} + \frac{u_2^2 - u_1^2}{2g} \tag{1.2}$$

式中　p_1——泵入口真空表读数，Pa；

　　　p_2——泵出口压力表读数，Pa；

　　　h_0——压力表与真空表测压点之间的垂直高度，m；

　　　u_1——吸入管内水的流速，m/s；

　　　u_2——排出管内水的流速，m/s。

由式(1.2)计算出压头，此即为离心泵给单位重量流体提供的能量，由于体积流量可由涡轮流量计测得，因此流体获得的有效功率 N_e 为：

$$N_e = QH\rho g \tag{1.3}$$

根据离心泵效率的定义及有效功率表达式，有：

$$\eta = \frac{QH\rho g}{1000N} \tag{1.4}$$

式中　Q——流量，m^3/s；

　　　H——压头，m；

　　　ρ——被输送液体密度，kg/m^3；

　　　N——泵的轴功率，kW。

三、实验装置

见图 1-1。

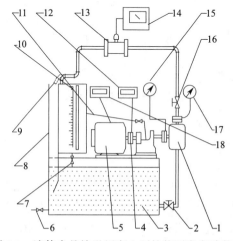

图 1-1　液体食品输送用离心泵性能测定实验装置

1—离心泵；2—进口球阀；3—水槽；4—可拆式弹性联轴节；5—电机；6—排水阀；

7—排水阀、落水管；8—落水管；9—摆头式出水管口；10—计量槽，水位计；11—加水管；

12—转速表；13—透明涡轮流量计及变送器；14—涡轮流量计显示仪表；15—真空表；

16—出口阀；17—压力表；18—功率表

四、实验步骤

（1）先熟悉实验设备的操作过程和掌握仪表的使用方法。

（2）检查泵轴承的润滑情况，用手转动联轴节，是否转动灵活。

（3）往水槽及计量槽内加足水，打开泵的灌水阀及出口阀，向泵内灌水至满，然后关闭阀门。

（4）启动离心泵，待泵运转正常后逐渐开大出口阀，在流量为零至最大之间合理测取 8~10 组数据。

（5）在某一流量下，同时记录流量计、转速表、真空表、压力表、功率表的示值。

（6）测取数据结束后，关闭泵出口阀，停泵，切断电源。

五、实验记录及数据处理

1. 数据记录

离心泵型号＿＿＿＿＿＿　泵入口管径＿＿＿＿＿＿m　泵出口管径＿＿＿＿＿m

$h_0 = $＿＿＿＿＿＿m　　　水温＿＿＿＿＿＿℃

序号	流量计示值 /(L/s)	真空表示值 /Pa	压力表示值 /Pa	功率表示值 /kW	转速 n /(r/min)
1					
2					
3					
4					
5					
6					
7					
8					
9					
10					

2. 数据处理

（1）计算结果表。

序号	流量 Q/(m³/s)	压头 H/mmH$_2$O	轴功率 N/kW	效率 η	备注
1					
2					
3					
4					
5					
6					
7					
8					
9					
10					

注：1mmH$_2$O＝9.80665N，下同。

（2）在方格坐标纸上绘出离心泵的特性曲线。

（3）指出适宜工作区及最佳工作点。

 思考题

1. 为什么开泵前要先灌满水？开泵和关泵前为什么要先关闭泵的出口阀门？

2. 为什么流量越大，入口处真空表的读数越大？

3. 离心泵的流量可以通过出口阀门调节，往复泵的流量是否也可以采用同样的方法调节，为什么？

实验十八
液体流态食品流动管路阻力测定

一、实验目的

掌握测定流体流经直管、管件和阀门时阻力损失的一般实验方法。

测定直管摩擦因数 λ 与雷诺数 Re 的关系，验证在一般湍流区内 λ 与 Re 的关系曲线。

测定流体流经管件、阀门时的局部阻力系数 ξ。

识辨组成管路的各种管件、阀门，并了解其作用。

二、基本原理

流体通过由直管、管件（如三通和弯头等）和阀门等组成的管路系统时，由于黏性剪应力和涡流应力的存在，要损失一定的机械能。流体流经直管时所造成的机械能损失称为直管阻力损失。流体通过管件、阀门时因流体运动方向和速度大小改变所引起的机械能损失称为局部阻力损失。

1. 直管阻力摩擦因数 λ 的测定

流体在水平等径直管中稳定流动时，阻力损失为：

$$h_{\mathrm{f}} = \frac{\Delta p_{\mathrm{f}}}{\rho} = \frac{p_1 - p_2}{\rho} = \lambda \times \frac{l}{d} \times \frac{u^2}{2} \tag{1.5}$$

即，

$$\lambda = \frac{2d \Delta p_{\mathrm{f}}}{\rho l u^2} \tag{1.6}$$

式中　λ——直管阻力摩擦因数，无量纲；

　　d——直管内径，m；

　　Δp_{f}——流体流经 l（m）直管的压力降，Pa；

　　h_{f}——单位质量流体流经 l（m）直管的机械能损失，J/kg；

　　ρ——流体密度，kg/m³；

　　l——直管长度，m；

　　u——流体在管内流动的平均流速，m/s。

滞流（层流）时：

$$\lambda = \frac{64}{Re} \tag{1.7}$$

$$Re = \frac{du\rho}{\mu} \tag{1.8}$$

式中　Re——雷诺数，无量纲；

　　　μ——流体黏度，kg/(m·s)。

湍流时 λ 是雷诺数 Re 和相对粗糙度 (ε/d) 的函数，须由实验确定。

由式(1.6)可知，欲测定 λ，需确定 l、d，测定 Δp_f、u、ρ、μ 等参数。l、d 为装置参数（装置参数表格中给出），ρ、μ 通过测定流体温度，再查有关手册而得，u 通过测定流体流量，再由管径计算得到。

例如本装置采用涡轮流量计测流量 $V(m^3/h)$。

$$u = \frac{V}{900\pi d^2} \tag{1.9}$$

Δp_f 可用 U 形管、倒置 U 形管、测压直管等液柱压差计测定，或采用差压变送器和二次仪表显示。

（1）当采用倒置 U 形管液柱压差计时：

$$\Delta p_f = \rho g R \tag{1.10}$$

式中　R——水柱高度，m。

（2）当采用 U 形管液柱压差计时：

$$\Delta p_f = (\rho_0 - \rho)gR \tag{1.11}$$

式中　R——液柱高度，m；

　　　ρ_0——指示液密度，kg/m³。

根据实验装置结构参数 l、d，指示液密度 ρ_0，流体温度 t_0（查流体物性 ρ、μ），及实验时测定的流量 V、液柱压差计的读数 R，通过式(1.9)、式(1.10)或式(1.11)、式(1.8)和式(1.6)求取 Re 和 λ，再将 Re 和 λ 标绘在双对数坐标图上。

2. 局部阻力系数 ξ 的测定

局部阻力损失通常有两种表示方法，即当量长度法和阻力系数法。

（1）当量长度法　流体流过某管件或阀门时造成的机械能损失看作与某一长度为 l_e 的同直径的管道所产生的机械能损失相当，此折合的管道长度称为当量长度，用符号 l_e 表示。这样，就可以用直管阻力的公式来计算局部阻力损失，而且在管路计算时可将管路中的直管长度与管件、阀门的当量长度合并在一起计算，则流体在管路中流动时的总机械能损失 $\sum h_f$ 为：

$$\sum h_f = \lambda \times \frac{l + \sum l_e}{d} \times \frac{u^2}{2} \tag{1.12}$$

（2）阻力系数法　流体通过某一管件或阀门时的机械能损失表示为流体在小管径内流动时平均动能的某一倍数，局部阻力的这种计算方法，称为阻力系数法。即：

$$h_f' = \frac{\Delta p_f'}{\rho g} = \xi \frac{u^2}{2} \tag{1.13}$$

故

$$\xi = \frac{2\Delta p_f'}{\rho g u^2} \tag{1.14}$$

式中 ξ——局部阻力系数，无量纲；

$\Delta p_f'$——局部阻力压强降，Pa（本装置中，所测得的压降应扣除两测压口间直管段的压降，直管段的压降由直管阻力实验结果求取）；

ρ——流体密度，kg/m^3；

g——重力加速度，$9.81m/s^2$；

u——流体在小截面管中的平均流速，m/s。

待测的管件和阀门由现场指定。本实验采用阻力系数法表示管件或阀门的局部阻力损失。

根据连接管件或阀门两端管径中小管的直径 d，指示液密度 ρ_0，流体温度 t_0（查流体物性 ρ、μ），及实验时测定的流量 V、液柱压差计的读数 R，通过式（1.9）、式（1.10）或式（1.11）、式（1.14）求取管件或阀门的局部阻力系数 ξ。

三、实验装置与流程

1. 实验装置

实验装置如图 1-2 所示。

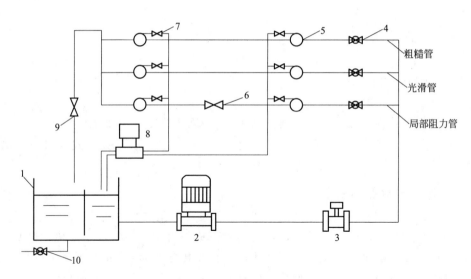

图 1-2 实验装置流程示意图

1—贮水箱；2—离心泵；3—涡轮流量计；4—管路选择球阀；5—均压阀；6—局部阻力管上闸阀；
7—连接均压环和压力变送器球阀；8—差压变送器；9—出口阀；10—排水阀

2. 实验流程

实验对象部分是由贮水箱，离心泵，不同管径、材质的水管，各种阀门、管件，涡轮流量计和倒 U 形压差计等所组成的。管路部分有三段并联的长直管，分别用于测定局部阻力系数、光滑管直管阻力系数和粗糙管直管阻力系数。测定局部阻力部分使用不锈钢管，其上装有待测管件（闸阀）；光滑管直管阻力的测定同样使用内壁光滑的不锈钢管，而粗糙管直管阻力的测定对象为管道内壁较粗糙的镀锌管。

水的流量使用涡轮流量计测量，管路和管件的阻力采用差压变送器将差压信号传递给无纸记录仪。

3. 装置参数

装置参数如表 1-49 所示。由于管子的材质存在批次的差异，所以可能会导致管径的不同，所以表 1-49 中的管内径只能作为参考。

表 1-49　实验管路参数表

名称	材质	管路		测量段长度 /cm
		管路号	管内径/mm	
局部阻力	闸阀	1A	20.0	95
光滑管	不锈钢管	1B	20.0	100
粗糙管	镀锌铁管	1C	21.0	100

四、实验步骤

（1）泵启动　首先对水箱进行灌水，然后关闭出口阀，打开总电源和仪表开关，启动水泵，待电机转动平稳后，把出口阀缓缓开到最大。

（2）实验管路选择　选择实验管路，把对应的进口阀打开，并在出口阀最大开度下，保持全流量流动 5~10min。

（3）流量调节　手控状态，变频器输出选择 100，然后开启管路出口阀，调节流量，让流量在 1~4m³/h 范围内变化，建议每次实验变化 0.5m³/h 左右。每次改变流量，待流动达到稳定后，记下对应的压差值；自控状态，流量控制界面设定流量值或设定变频器输出值，待流量稳定记录相关数据即可。

（4）计算　装置确定时，根据 Δp 和 u 的实验测定值，可计算 λ 和 ξ，在等温条件下，雷诺数 $Re = du\rho/\mu = Au$，其中 A 为常数，因此只要调节管路流量，即可得到一系列 λ-Re 的实验点，从而绘出 λ-Re 曲线。

（5）实验结束　关闭出口阀，关闭水泵和仪表电源，清理装置。

五、实验数据处理

将上述实验测得的数据填写到下表：

实验日期：＿＿＿＿＿＿；实验人员：＿＿＿＿＿＿；学号：＿＿＿＿＿＿；温度：＿＿＿＿＿＿；

直管基本参数：光滑管径＿＿＿＿＿＿；粗糙管径＿＿＿＿＿＿；局部阻力管径＿＿＿＿＿＿。

序号	流量/(m³/h)	光滑管压差/kPa	粗糙管压差/kPa	局部阻力压差/kPa
1				
2				
3				
4				
5				
6				
7				

六、实验报告

（1）根据粗糙管实验结果，在双对数坐标纸上标绘出 λ-Re 曲线，对照食品工程原理教材上有关曲线图，即可估算出该管的相对粗糙度和绝对粗糙度。

（2）根据光滑管实验结果，对照柏拉修斯方程，计算其误差。

（3）根据局部阻力实验结果，求出闸阀全开时的平均 ξ 值。

（4）对实验结果进行分析讨论。

 **思考题**

1. 在对装置做排气工作时，是否一定要关闭流程尾部的出口阀？为什么？

2. 如何检测管路中的空气已经被排除干净？

3. 以水做介质所测得的 $\lambda\text{-}Re$ 关系能否适用于其他流体？如何应用？

4. 在不同设备上（包括不同管径），不同水温下测定的 $\lambda\text{-}Re$ 数据能否关联在同一条曲线上？

5. 如果测压口、孔边缘有毛刺或安装不垂直，对静压的测量有何影响？

水蒸气空气强制对流下对流传热系数测定

一、实验目的

掌握圆形光滑直管（或波纹管）外蒸汽、管内空气在强制对流条件下的对流传热系数的测定。

根据实验数据整理出特征数关联式。

二、实验原理

1. 特征数关联

影响对流传热的因素很多，根据量纲分析得到的对流传热的特征数关联式的一般形式为：

$$Nu = CRe^m Pr^n Gr^l \qquad (1.15)$$

式中，C、m、n、l 为待定参数。参加传热的流体、流态及温度等不同，待定参数不同。目前，只能通过实验来确定特定范围的参数，本实验是测定空气在圆管内做强制对流时的对流传热系数。因此，可以忽略自然对流对对流传热系数的影响，则 Gr 为常数。在温度变化不太大的情况下，空气的 Pr 可视为常数，所以式（1.15）可写成：

$$Nu = CRe^m \qquad (1.16)$$

或

$$\alpha = C \times \frac{\lambda}{d} Re^m$$

待定参数 C 和 m 可通过实验测定蒸汽、空气的有关数据后，根据原理计算、分析求得。

2. 传热量的计算

努赛尔数 Nu 和雷诺数 Re 都无法直接用试验测定，只能测定相关的参数并通过计算求得。当通过套管环隙的饱和蒸汽与冷凝壁面接触后，蒸汽将放出冷凝潜热，冷凝成水，热量通过管壁传递给管内的空气，使空气的温度升高，空气从管的末端排出管外，传递的热量由下式计算：

$$Q = q_m c_{pc}(t_2 - t_1) = q_V \rho_1 c_{pc}(t_2 - t_1) \qquad (1.17)$$

根据传热速率方程：

$$Q = KA\Delta t_m \qquad (1.18)$$

所以

$$KA\Delta t_m = q_{V1}\rho_1 c_{pc}(t_2 - t_1) \qquad (1.19)$$

式中　Q——换热器的热负荷（或传热速率），kJ/s；

　　q_m——冷流体（空气）的质量流量，kg/s；

　　t_1——空气的进口温度，℃；

　　t_2——空气的出口温度，℃；

　　q_{V1}——冷流体（空气）的体积流量，m^3/s；

　　ρ_1——冷流体（空气）的密度，kg/m^3；

　　K——换热器总传热系数，$W/(m^2 \cdot ℃)$；

　　c_{pc}——冷流体（空气）的平均定压比热容，$kJ/(kg \cdot K)$；

　　A——传热面积，m^2；

　　Δt_m——蒸汽与空气的对数平均温度差，℃。

$$\Delta t_m = \frac{(T-t_1)-(T-t_2)}{\ln \dfrac{T-t_1}{T-t_2}} = \frac{t_2-t_1}{\ln \dfrac{T-t_1}{T-t_2}}$$

式中　T——蒸汽温度，K。

空气的体积流量及两种流体的温度等可以通过各种测量仪表测得，由式（1.19）即可算出传热系数 K。

3. 对流传热系数的计算

当传热面为平壁，或者当管壁很薄时，总传热系数和各对流传热系数的关系可表示为：

$$\frac{1}{K} = \frac{1}{\alpha_1} + \frac{b}{\lambda} + \frac{1}{\alpha_2} \tag{1.20}$$

式中　α_1——管内壁对空气的对流传热系数，$W/(m^2 \cdot ℃)$；

　　α_2——蒸汽冷凝时对管外壁的对流传热系数，$W/(m^2 \cdot ℃)$。

当管壁热阻可以忽略（内管为黄铜管，黄铜热导率 λ 比较大，而且壁厚 b 较小）时：

$$\frac{1}{K} = \frac{1}{\alpha_1} + \frac{1}{\alpha_2} \tag{1.21}$$

由于蒸汽冷凝时的对流传热系数远大于管内壁对空气的对流传热系数，即 $\alpha_2 \gg \alpha_1$，所以 $K \approx \alpha_1$。因此，只要在实验中测得冷、热流体的温度及空气的体积流量，即可通过热量衡算求出套管换热器的总传热系数 K 值，由此求得管内壁对空气的对流传热系数 α_1。

4. 努塞尔数和雷诺数的计算

$$Re = \frac{du\rho_1}{\mu} = \frac{dq_V\rho_1}{\frac{\pi}{4}d^2\mu} = \frac{q_V\rho_1}{\frac{\pi}{4}d\mu} \tag{1.22}$$

$$Nu = \frac{\alpha_1 d}{\lambda} = \frac{Kd}{\lambda} = \frac{q_{V1}\rho_1 c_{pc}(t_2-t_1)d}{\lambda A \Delta t_m} \tag{1.23}$$

式中　λ——空气热导率；$W/(m \cdot ℃)$；

　　μ——空气的黏度，$Pa \cdot s$；

　　d——套管换热器的内管直径（内径），m；

　　ρ_1——进口温度 t_1 时的空气密度，kg/m^3。

由于热阻主要集中在空气一侧，本实验的传热面积 A 取管子的内表面积较为合理，即：

$$A = \pi dL$$

本装置 $d = 0.0178\text{m}$，$L = 1.224\text{m}$。

5. 空气的体积流量和密度的计算

空气的流量由流量计测量，合并常数后，空气的体积流量可由下式计算：

$$q_{V1} = 0.0003921 \sqrt{\frac{\Delta p}{\rho_1}} \tag{1.24}$$

式中　q_{V1}——空气的体积流量，m^3/s；

　　　Δp——流量计压差示值，Pa。

空气的密度 ρ_1 可按理想气体计算：

$$\rho_1 = 1.293 \times \frac{p_a + p}{1.013 \times 10^5} \times \frac{273}{273 + t} \tag{1.25}$$

式中　p_a——当地大气压，Pa；

　　　t——流量计前空气温度，℃，可取 $t = t_1$；

　　　p——流量计前空气的表压，Pa。

三、实验装置

见图 1-3。

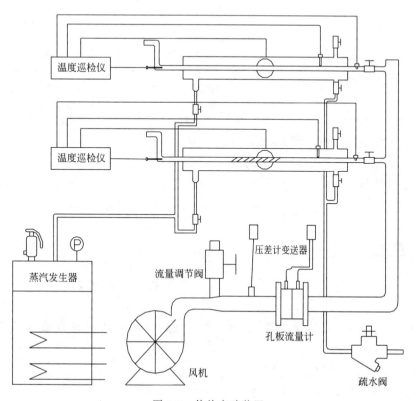

图 1-3　传热实验装置

四、操作步骤

（1）将水装入电热蒸汽发生器，液位在液面计 2/3 高度处为宜，不能低于电加热棒的位置。

（2）接通电源，按下加热按钮 1 和 2，加热产生蒸汽，当达到预设温度时，关闭加热按钮 1。

（3）在旁路阀全开的情况下启动风机，然后关小旁路阀调节风量。

（4）打开蒸汽阀，往套管换热器内通入蒸汽，并打开排气阀，排除不凝性气体，待有水蒸气喷出时即关闭。实验过程中要间歇排除不凝性气体。

（5）用旁路阀调节风量由小到大变化，记录 7 组数据，注意在每次改变流量后需待传热稳定后再记录有关数据。

（6）实验结束，关闭蒸汽、停运风机，拉下电闸并检查仪表是否完好。

五、实验记录及数据处理

（1）传热实验记录表

设备编号_____；管型_____；室温_____℃；

大气压_____Pa；加热蒸汽压_____Pa；

序号	流量计前表压 R_P /kPa	流量计压差值 Δp /Pa	温度值/℃			α_1	Re	Nu
			t_1	t_2	T			
1								
2								
3								
4								
5								
6								
7								

（2）在双对数坐标系中作出 Re-Nu 图。

（3）确定特征数关联式中的待定参数 C、m。

（4）写出特征数关联式。

 思考题

1. 在蒸汽冷凝时，若存在不凝性气体，你认为将会有什么影响？应该采取什么措施？

2. 本实验中所测定的壁面温度是接近蒸汽侧的温度，还是接近空气侧的温度？为什么？

3. 有哪些因素影响实验的稳定性？

4. 影响对流传热系数的因素有哪些？

下 篇
食品科学与工程专业实训

实训一
豆奶生产操作实训

一、实验目的

了解豆奶的生产原理。

掌握豆奶制作工艺条件。

熟悉豆奶加工的关键设备。

二、实验原理

经浸泡的黄豆经磨浆机碾磨后，用水将其中的蛋白质、脂肪等营养成分提取出来，加热破坏抗营养因子后，加入增稠剂、稳定剂、糖等添加剂，经高压均质机均质后得到稳定的乳化体系，灭菌后即为营养丰富的豆奶。

三、材料与设备

1. 材料

非转基因黄豆、白砂糖、食盐、增稠剂、分子蒸馏单甘酯、消泡剂、塑料卷膜等。

2. 设备

磨浆机、浆渣分离机、灭酶罐、调配罐、高压均质机、超高温瞬时杀菌机、自动包装机、纯净水生产机组、电加热锅炉等设备。

3. 豆奶参考配方（豆奶 100L）

豆水比例 1∶9（大豆 10kg），白砂糖 5％（6kg），食盐 0.05％（50g），增稠剂（CMC-Na）0.05％（50g），分子蒸馏单甘酯 0.1％（100g），消泡剂（30g）；均质压力：一级 30MPa；二级 15MPa。

四、豆奶生产设备简介

1. 浸泡池

浸泡池的主要作用是将原料充分润湿，使水分进入原料内部，软化组织，减小碾磨的阻力，同时能够将大豆碾磨至足够的细度，有利于将大豆内部组织中的营养成分溶解出来。

大豆在冷水中一般应浸泡 8h 左右，在温水中（40℃左右）浸泡 4h 左右，在稀的纯碱溶液中可缩短浸泡时间。

2. 清洗池

清洗池的主要作用是清洗除去大豆中含有的可溶性杂质，比如大豆中所含的泥块。这些杂质的存在将会影响最终产品的口感，在水中浸泡后，用水冲洗即可除去。

3. 磨浆机

磨浆机（图2-1）是将浸泡好的大豆，通过两个砂轮磨片的碾磨破碎至足够的细度，破坏大豆细胞结构，释放出细胞内的蛋白质、脂肪、大豆异黄酮等营养物质。

磨浆机的操作步骤：

（1）松动手柄，轻轻转动调节手轮，调整两个砂轮的间隙至有轻微摩擦为好，然后重新锁紧手柄。

（2）先打开进水阀门，然后启动磨浆机，严禁顺序倒置。

（3）加入待磨物料，慢慢打开进料闸板，待出浆正常后，再调节水量控制浆液的浓度。

4. 浆渣分离机

浆渣分离机（图2-2）的主要作用是将碾磨至一定细度的物料，在离心力和滤网的共同作用下，将豆浆和豆渣分离，豆浆流至下边的收集槽，豆渣上行至出渣口排除出去，从而实现浆渣分离。

图2-1　磨浆机

图2-2　浆渣分离机

5. 灭酶罐

大豆中含有胰蛋白酶抑制因子、尿素酶和凝血素等成分，通常被称为抗营养因子，它们的存在降低了大豆蛋白的消化率，降低了大豆的营养价值，因此在加工豆浆和豆奶时应尽可能地将这些不利成分去除掉。抗营养成分对热具有不稳定性，因此可通过加热的方法除去。灭酶罐的主要作用是通过加热除去大豆中的抗营养因子，提高产品的营养价值。

操作注意事项：

（1）开机前检查进出口阀门，使它们处于正确的开关位置。

（2）每批投料量不能太多，以免使搅拌电机过载。

（3）每班生产结束后，按要求将设备清洗干净。

（4）生产结束后，将夹套放水阀的阀门打开，放出夹套内积聚的冷却水。

6. 调配罐

调配罐的主要作用是为豆浆中加入的其他成分提供一个混合的场所，比如在加工豆奶时要向豆浆中加入稳定剂、增稠剂、糖等添加剂，这些物质加入后应混合均匀，这个混合过程在调配罐中进行。

7. 管道过滤器

高压均质机对物料中的杂质比较敏感，如果有较硬的块状物料存在，将损坏高压均质机的均质头。管道过滤器的主要作用就是除去物料中的这些颗粒杂质，对均质机起到保护作用。它是将管道局部放大后，装上一个圆形的滤网构成。

管道过滤器可以连续生产，待生产一段时间后，将滤网拆掉清洗干净。

8. 高压均质机

由于豆奶中含有水、油脂、蛋白质等其他物质，是一个复杂的混合体系，因此要想长时间贮存并达到均匀、不分层的要求，就需要这些成分能够形成均一的乳化体系。通过调配罐的调配之后，只是将这些物质分散在豆浆中，各物质的颗粒比较大，放置一段时间后，会出现上浮或沉降的分层现象。

混合物通过高压均质机（图 2-3）后，能够将这些物料破碎至非常小的颗粒，通常物料颗粒能达到 $2\mu m$ 以下，在稳定剂（乳化剂）的存在下，这些颗粒能够共存于同一体系，达到很好的乳化状态，长时间放置不出现分层现象。

高压均质机由高压往复柱塞泵和均质阀组成，其均质部分由一级均质阀和二级均质阀组成双级均质系统。一级均质压力不能超过 60MPa，二级均质压力不能超过 20MPa。两级均质阀的压力都可以在其额定的压力范围内任意选择，两级均质阀可以同时使用也可以单独使用，因为均质压力的高低与物料经过均质阀时的速度有关，可以按物料生产要求选择最佳压力组合，从而获得更为满意的工作效果。如选择第一级均质阀时物料的破碎效果较好，而采用第二级均质阀时，物料的破碎效果不如第一级好，但物料的乳化程度较好。

图 2-3 高压均质机

均质机的操作：

（1）放松二级阀的手柄、一级阀的手柄和压力表泄压阀手柄，打开循环阀，待接料斗中有物料后，启动电源。

（2）二级阀升压　在机器无异常噪声后，逐渐旋紧二级阀手柄，压力表指针开始上下抖动，适当旋紧压力表泄压手柄，待压力表指针稳定在某个压力时，再逐渐旋紧二级阀手柄至设定压力值，压力不得超过额定压力的上限。

（3）一级阀升压　逐渐旋紧一级阀手柄，压力表指针不断上升，到达预选压力或直接达到最高额定压力，此时若压力表跳动范围过大可适当旋紧压力表泄压手柄。

（4）出料　待完成上述操作程序，使均质机稳定运行1min左右，关闭循环阀，将均质后的物料输往下一设备。

（5）泄压　完成均质操作任务后，必须放松所有工作阀手柄，先松一级阀手柄，再放松二级阀手柄，最后放松压力表泄压阀手柄，使压力表复零位。

（6）关闭电源。

（7）清洗　均质机工作结束后应用清水（必要时可用热水）清洗泵体、工作阀体内的物料，将均质机彻底清洗干净。

9. 超高温瞬时灭菌机组（UHT）

见图2-4。物料本身含有一些细菌，同时在加工过程中由于机器设备的原因也会带入一部分细菌，这些细菌有些是致病的，为了保证食品安全，需要杀灭其中的细菌。

超高温瞬时杀菌的原理：物料和加热介质分别由泵送入板式换热器，并在板片两侧进行热量交换，由于板片为波纹形状，因此流体在流道中流动时不断地改变流向，形成很大的湍流，传热得到强化，从而使物料在极短的时间内迅速升高到设定温度，杀灭细菌。

技术参数：

处理能力：100L/h，灭菌温度90～137℃，高温受热时间4～5s，出料温度25℃，冷却水消耗量150L/h，功率18kW。

图2-4　超高温瞬时灭菌机组

超高温瞬时灭菌机组（图2-4）的操作：

（1）开启仪表箱电源开关，并设定加热温度上下限。

（2）设备清洗　先以水代物料，并注水入平衡槽，启动物料循环、回流阀、出料阀，直至水由循环出口流出，清洗15min；清洗结束后，放空循环水。

（3）灭菌操作　向平衡槽中注入豆奶，回流管移至排出口，依次开启循环泵、冷却水、回流阀、出料阀和蒸汽阀，水蒸气开始加热，此时由于物料尚未达到设定的温度，物料进行回流，当回流管有豆奶流出时，把回流管移至平衡槽，期间需及时补加豆奶，随着调压模块开启，物料温度逐渐上升；随着调压模块的关闭温度逐渐下降。经过几个周期的波动，物料温度逐步控制在设定范围之内，此时出料阀打开；开启进料泵，调节进料泵流量和出料相平衡，设备进行自动运行。

（4）设备停机顺序　待机内已没有灭菌豆奶时，向平衡槽里加满水，关闭蒸汽阀，用纯净水循环10min后，将设备清洗干净；关闭电源开关。

10. 贮存罐

贮存罐的主要作用是将经过高温杀菌的物料暂存，作为包装机的临时贮罐。

11. 自动灌装包装机

自动灌装包装机（图2-5）将豆奶包装成300mL/袋的小包装，有利于下一步高温灭菌，也便于保存和运输。

包装机的操作要点：

图2-5　自动灌装包装机

（1）将暂存罐内注满清水，用橡胶管套在出料管处引到下水道（或循环使用），开启机器运转5～10min，冲洗管道，确保达到食品卫生标准。

（2）把塑料卷带芯套装在卷带轴上，并调整在以成形器为准的中心线上，使卷带在成形时能够保持左右宽度一致。然后分别拧紧两个紧固套上的螺钉，将料膜松紧装置的弹簧压力调节适中，以自动牵引料袋后自由摆动，刹车良好为宜。

（3）滑块在轨道间调节方法：应调节装在右边轨道上的内外螺母。当要求调紧滑块时，可将固定座外侧的螺母向外旋，并将内侧的螺母也向外旋。当要求调松滑块时，操作相反。调节螺母前，应先稍松开轨道上的内六角螺钉，调好后再拧紧。调整滑块时，应先给轨道和滑块加润滑油，滑块的最佳状态应能上下移动自如而无声。

（4）将料带穿过过带辊后，扣入成形器，使料带左右对称。把日期调整到当日的日期，自上而下依次为＊＊年＊＊月＊＊日。

（5）将竖热封温度调到140～170℃，横热封温度调到200～250℃，具体温度视当时料袋的材质和厚度，再仔细微调。预热20min使封膜头恒温后方可正式灌装生产，以后只要不断开电源，不必重新预热即可连续生产。

（6）调整走带连杆在曲柄上的位置，即可得到所需要的料带长度，向里调整为缩短，向外调整为延长。先切断总电源后再调整，调整时先把滑块上的紧固螺母拧松后，方可拧动调整旋钮。调整好后，开机前把紧固螺母再拧紧。

（7）调整定量泵杆在可变曲柄上的位置，即可得到所需的灌装量的大小，向里调整为减少，向外调整为增大。

（8）正常生产时，只要按下开关即可，不需要再调整，当班生产数量由计数器自动计数。当塑料卷膜使用完毕时，应立即停机，迅速换上新的塑料卷膜，并把定量泵三通阀旋到循环状态，停止供液，在新的料袋形成后，再供液继续生产。

（9）灌装液体中固态物较多时，应提前进行过滤处理。当使用一段时间后，竖、横不粘布磨损，这时可拧松夹布管调整一段距离，拧紧后即可正常使用（不能等到完全磨断再调整）。

（10）应定期检查竖、横热封铜块，并及时把黏附在上面的杂物清除干净，否则会严重影响热封效果。清除时不能用金属工具和砂纸刮擦，否则容易损坏工作面造成无法使用。应在降温后，用布或者木质工具蘸有机溶剂擦拭、清除异物。

（11）应定期在竖封和横封不粘布上涂抹甲基硅油，以延长不粘布的使用寿命和增加热封效果。

（12）当热封出现不牢、连袋、渗漏等不正常现象时，严禁用手及各种工具挑拨，应立即停机处理。

12. 压力蒸汽灭菌器

压力蒸汽灭菌器（图2-6）工作原理：通过加热锅体内的水产生高压蒸汽贮存在灭菌器的夹层里，当打开进气阀时，蒸汽通过进汽管道进入灭菌室内。由于灭菌室内的空气比蒸汽重，空气被蒸汽压在下层不断地从下排气口排出，直至空气全部被排出，灭菌室内的蒸汽达到饱和，使热量均匀地分布渗透各点。恒温装置保持灭菌室内的温度，使微生物在一定的时间内被彻底杀死。

图2-6　压力蒸汽灭菌器

压力蒸汽灭菌器的操作：

（1）使用前准备　容器升压前，确认压力表初始值指示为零；水位应加至上标识线处；开门、关门应自如，若发现关门时阻力过大，应在密封圈上涂上滑石粉。

（2）灭菌操作　装载量不能超过瓶容积的90%，并且选用透气性瓶盖；灭菌物料总体积不应超过灭菌室的80%。

（3）灭菌器采用自动灭菌，设置好操作程序，装料完毕后，按启动键即可。

（4）灭菌结束后，将门打开，让水蒸气溢出，10～15min后物料即可取出。

13. 电加热蒸汽锅炉

在灭酶、调配以及超高温瞬时杀菌工序中，均要对物料进行加热，加热最常用的热源是水蒸气。电加热蒸汽锅炉的主要作用就是提供生产线所需要的水蒸气。

蒸汽锅炉的操作：

（1）关闭出气阀门，检查进水槽水位，向锅炉中泵入自来水至规定液位。

（2）刚开始时为使蒸汽压力较快达到设定工作压力，可将开关放到全功率；待达到设定值后可将开关转到半功率状态。

（3）锅炉内压力为自动控制，设定值为0.7MPa，低于此值开始加热，高于此压力加热棒停止加热。

（4）停机时，开启锅炉上边的排气阀门，将锅炉内的余气排掉，然后再将热水通过底部的放空阀排掉。热水在锅炉中不能过夜，防止水垢生成。

14. 纯净水生产机组

为了生产高质量的饮料，对水源有严格要求，纯净水生产机组（图2-7）为豆奶/豆浆生产使用优质水源提供了保证。

纯净水生产机组（简称纯水机组）的工作原理：

自来水经预处理后，经过保安过滤器后进入反渗透（R/O）机组；进水被高压泵升压达到反渗透所需的工作压力，然后输送入装有反渗透膜组件的压力容器内；水被渗透膜分

图 2-7 纯净水生产机组

离，在压力容器内形成两股水流，其一是近于无盐的产出纯水，其二是盐分和其他杂质都受到浓缩的浓水。浓水的一部分减压回流至高压泵进水口，另一部分由调节水阀进行调节，经流量计测量后排放到地沟。经检验最终得到的纯水的电导率≤10μS/cm（25℃），符合饮用水的电解质含量标准。

纯水机组的操作：

（1）开机 打开进水泵进口阀到最大，将开关拨至自动开关，保安过滤器前的调压阀全开，冲洗 3～5min；缓慢关小浓水阀，调节流量到 9L/min，运行一段时间，各项指标可达到预定值。

（2）关机 浓水阀全开冲洗 3～5min，开关拨到自动停档，关进水阀。

五、豆奶生产

根据表 2-1 安排人员。

表 2-1 豆奶生产线岗位设置表

岗位	人数/人	岗位	人数/人
纯水机组	1	超高温瞬时灭菌机(UHT)操作	1
电源操作台	1	自动包装机	2
磨浆机	1	压力杀菌器	1
灭酶罐、调配罐	1	合计	9
均质机	1		

1. 原料的准备

（1）以优质非转基因大豆（约 10kg）作为豆奶的原料；去除大豆中的发霉、虫食颗粒和杂质，严格除去大豆中的石块、铁块。

（2）将大豆浸泡过夜，或者用 0.5% 的碳酸钠水溶液浸泡 4h 备用（水豆比为 3∶1）。

2. 启动纯水机组

打开进水泵进口阀到最大，将开关拨至自动开关，保安过滤器前的调压阀全开，冲洗3~5min；缓慢关小浓水阀，调节纯水流量到9L/min，运行一段时间，各项指标可达到预定值。

3. 启动电加热蒸汽锅炉

（1）关闭出气阀门，检查进水槽水位，向锅炉中泵入自来水，达到规定液位。

（2）将开关拨到全功率档，待达到设定压力值后可将开关转到半功率。

（3）蒸汽锅炉开始产生蒸汽，以备加热、灭菌工序使用。

4. 碾磨

（1）将浸泡好的大豆用水冲洗干净，去除水溶性杂质，如果用碳酸钠浸泡，还应将大豆洗至中性。

（2）将浸泡好的大豆移至工作台面，准备好工具。

（3）开启碾磨机上边进料口的纯净水管，启动纯水泵向磨浆机供水，加入浸泡好的黄豆，启动磨浆机。

（4）如果磨浆机磨出的物料细度不够，关闭磨浆机，调小两磨片间的距离至磨出的物料为糊状。

调整方法为：松动手柄，轻轻转动调节手轮，然后重新锁紧手柄，开启进水和电机再试，直至磨出的物料呈细糊状，手摸时无明显颗粒感为止。

（5）出浆正常后，慢慢开大进料闸板，调整加入的大豆量，同时调节加水量控制浆液的浓度。

（6）启动浆液泵，向灭酶罐输送浆液。

5. 灭酶

（1）一批黄豆磨完后，开启搅拌器，启动纯水泵向灭酶罐添加纯净水，调配浆液浓度，按水豆质量比为9∶1调节。

（2）打开灭酶罐夹套蒸汽进汽阀门，进行灭酶操作，将豆浆加热至95℃并保温15min。加热过程中应不断调整蒸汽阀门开启度大小，蒸汽表的表压不能超过0.1MPa。

（3）灭酶操作结束后，依次打开冷却水出水管、进水管，向夹套注入冷却水，将豆浆温度降至80℃以下。

（4）启动灭酶罐泵，将经过灭酶处理的豆浆输送至调配罐。

（5）输送完毕后，关闭搅拌器电机，可进行下一批操作或及时将灭酶罐彻底清洗干净。

6. 调配

（1）将称量好的增稠剂、豆奶稳定剂在多功能搅拌机中搅拌均匀后加入到调配罐，启动调配罐搅拌电机，根据需要加入适量的白砂糖。

（2）待豆浆和各种添加剂充分混合均匀后，打开调配罐输送泵向高压均质机输送物料进行均质操作。

7. 均质

（1）向均质机缓冲罐中注满豆浆，打开循环阀开关，启动均质机。

（2）先旋紧均质机的二级阀手柄，使均质压力升至设定压力的7.5MPa后，旋紧压力表下的泄压阀手柄，使指针稳定，加压至设定均质压力15MPa；旋紧一级阀手柄至设定压力

30MPa；若压力表指针晃动幅度较大，再次旋紧下边手柄，均质机开始正常工作。

（3）均质机正常工作2min后，关闭循环阀，将均质后的物料输送至暂存罐。

8. 超高温瞬时灭菌

（1）打开电源开关，在触摸屏上打开空气压缩机；点击进入参数设置，蒸汽温度设定为135℃，物料杀菌温度120℃；延时设定3～5s，一般为3s。

（2）打开急停开关向灭菌机输送物料，装满缓冲罐。

（3）在触摸屏上进入泵阀操作，启动物料循环自动开关；启动冷却水阀；开启回流阀、出料阀，让物料循环。

（4）启动蒸汽阀，进行杀菌操作，开启进料泵，调节进料泵前阀门大小至平衡罐中液位基本不变，处理过的物料自动输送至灌装前贮罐。禁止（3）、（4）顺序颠倒！

（5）关机时先关闭蒸汽阀，再关闭物料泵、物料循环阀。

（6）若不进行下一批操作，用纯净水或稀碱液进行循环，将设备彻底洗净。

9. 自动灌装包装

（1）将包装卷膜按要求装好，设定好生产日期打印码。

（2）设定封口温度：垂直密封温度140℃，水平密封207℃，进行预热；预热结束后，用纯净水进行试验封口效果，根据实际情况微调封口温度，直至达到满意效果，同时调整灌装量至合适值。即可进行豆奶的灌装操作。

（3）灌装结束后，用纯净水将自动灌装机彻底清洗干净。

10. 压力蒸汽灭菌

（1）向灭菌锅里边注入自来水至视镜的2/3处，若进行两次操作，应加至红线上端。

（2）将待灭菌物料装入灭菌锅内，关好安全门。

（3）参数设置：将灭菌温度设定为120℃，灭菌20min。按下开始键进行灭菌操作。

（4）灭菌结束后，打开安全门，灭菌室内温度降低后即可取出灭菌物料，进行下一批操作。

（5）若不进行下一批操作，应将杀菌锅里边的水及时排放掉，关闭电源。

六、实验结果

对产品外观、口感和质构等方面进行描述评价。

感官指标	描　述	备　注
色泽		
豆香味		有无豆腥味
甜度		是否具有豆奶应有的滋味,甜味如何
涩感		有无颗粒、异物感
沉淀		
豆奶质构		从豆奶组织、黏度、均匀性方面评价

思考题

1. 对豆浆进行灭酶处理的原理是什么？

2. 简述超高温瞬时灭菌机的工作原理？

3. 豆奶经过超高温瞬时灭菌后，为什么还要进行蒸汽压力灭菌？

注意事项

1. 进入车间后，未经老师允许，不允许开关设备。

2. 服从指导老师的安排；严格在指导老师的指导下操作，出现问题及时向指导老师汇报。

3. 实验结束后，将设备彻底清洗干净，将实验室清理干净。

实训二

葡萄酒生产操作实训

一、实验目的

了解葡萄酒的生产原理。

熟悉葡萄酒生产的关键设备的操作和常见故障的处理方法。

二、实验原理

新鲜葡萄经除梗破碎后，酵母菌将葡萄中的糖分转化为酒精，完成主发酵过程；分离葡萄皮渣后静置，完成苹果酸-乳酸发酵；在发酵过程中，除产生酒精外，还生成了对葡萄酒的质量和风味起重要作用的风味物质，如芳香化合物、单宁和有机酸等。发酵结束后，将葡萄酒转入橡木桶中进行陈酿，赋予葡萄酒更加柔和的口感和更多的风味物质。

三、材料及设备

1. 材料

酿酒葡萄、酿酒酵母、白砂糖、偏重亚硫酸钾、果胶酶、红酒瓶等。

2. 设备

除梗破碎机、葡萄汁输送专用螺杆泵、发酵罐、冷水机组、澄清罐、酒泵、橡木酒桶等。

四、葡萄酒主要生产设备简介

（一）小型葡萄除梗破碎机

小型葡萄除梗破碎机（图2-8）是小型葡萄酒厂处理新鲜葡萄专用设备，可对葡萄进行果梗分离、破碎等工艺过程，是小型葡萄酒厂理想的葡萄前期加工设备。

1. 小型葡萄除梗破碎机工作原理

葡萄由进料斗输送到破碎装置系统，除梗轴由电动机带动旋转，除梗轴上的叶片将果粒与梗枝打散分离，并将梗枝由半筛末端排出机外。除梗后的果粒从半筛上的圆孔落入接料盘内，输送至下一工艺过程。

图 2-8　小型葡萄除梗破碎机

2. 小型葡萄除梗破碎机主要结构

葡萄除梗破碎机主要由破碎装置、除梗装置、机架等部分组成。

（1）破碎装置：位于进料箱下端，由两个破碎辊组成，两辊间隙可以在 5～15mm 之间任意调节，根据葡萄品种而确定。

（2）除梗装置：由除梗轴、除梗半筛组成。除梗轴上装有呈螺旋状分布的除梗叶片。除梗半筛由不锈钢板冲孔成形，主要作用是将果、梗分离，并将梗枝排出机外。除梗装置传动系统位于机架前端，由无级调速减速机通过链轮链条驱动。

3. 小型葡萄除梗破碎机的使用与维护

（1）设备安装完毕后检查各紧固部位是否牢固，并清理机内杂物。

（2）试机

① 点动除梗启动按钮，除梗轴应为逆时针方向旋转。

② 点动破碎启动按钮，破碎辊上的一对齿轮应为相对旋转，且呈下排料的趋势。

③ 先将输浆泵内注入清水，然后点动输浆泵启动按钮，注意泵内不可进入硬质杂物。各项技术要求应符合螺杆泵使用说明书规定。

④ 确认各传动部分运转正常后方可开机。不投料空运转 1h，设备不应有异常噪声，各轴承不应有温升过高等不正常现象。

4. 投料试生产

（1）按下列顺序启动设备　破碎装置—除梗装置—输浆泵。

调节主机前端面手孔内无级调速器手轮，使调速指针位于中速上。

注意：调速必须在电机转动状态下进行。

（2）投料前葡萄应进行分选。严防铁器、砖头、石块及其他硬杂物进入机内。

（3）调节除梗轴转速，观察排梗情况是否达到工艺要求。达到要求后记录下调速指针的位置，以备下次生产时使用。

（4）如发现排出机外的果梗中夹带果粒数量增加，或出梗量减少时，应检查除梗轴上是否有缠绕物等故障。

（5）每次工作结束后应用清水对全机进行清洗，转筛内、破碎辊上、输浆泵内均不得留有残渣、污水等。

（6）严禁开机时排除设备故障。

（二）葡萄汁输送专用螺杆泵

葡萄汁输送专用螺杆泵（图2-9），是强制进料、符合食品卫生标准的容积式浓浆泵，是葡萄除梗破碎机的配套设备，用于输送经过破碎除梗的葡萄果浆。也可单独使用，用来输送含有固形物的黏稠液体。

图 2-9　葡萄汁输送螺杆泵

1. 葡萄汁输送专用螺杆泵组成

螺杆泵主要由进料斗、螺杆副、推料螺旋、连接装置、减速机、车轮、支架、出料口等部件组成。

（1）进料斗　安装在设备的中部，前部与连接装置连接，后部与螺杆副连接，中间装有推料螺旋，本件是一个用不锈钢板焊成的方形斗，它负责接收从破碎机送来的果浆或从其他地方送来的黏稠物料，并将物料输送至螺杆副。

（2）螺杆副　本件安装在进料斗的后边、出料口的前边，是螺杆泵的关键部件。本部件主要由定子、转子、护套等零件组成。本件的转子与推料螺旋连接，推料螺旋带动转子进行旋转，通过转子的旋转，转子副就连续地啮合形成密闭腔，这些密闭腔容积不变地均匀轴向运动，并将物料从进料口吸入，从出料口高压挤出，从而达到输送物料的目的。

（3）推料螺旋　本件安装在进料斗的中间，前连连接装置，后连螺杆泵转子，它的作用就是将物料推向螺杆副，并负责传递螺杆副的动力。本件主要由球形接头、轴筒、推料螺旋等零件组成。

（4）连接装置　连接装置装于料斗与减速机中间，本部件主要由连接轴、轴承、密封圈、连接座、油杯等零件组成。本部件的作用就是将减速机的动力传递给推料螺旋。

（5）车轮、支架、出料口　出料口装在螺杆副的后边，将输送管道与出料口连接，将物料输送到需要的地方。支架是螺杆泵的主要支承部件，它后边与料斗焊接，前边与连接装置及减速箱连接，上边装有手把，下边装有转向轮和支承蹄脚，本件是一个焊接结构件。还有两个后轮装在料斗连接板下面的轴上。本机通过手把、后轮及前转向轮可以方便地移动到需要的地方。

2. 使用维修

（1）开机前应先检查进料斗内有无异物。

（2）检查减速箱及各轴承处是否应该加油。

（3）螺杆泵不能干磨，使用时应先进料后开机。

（4）泵在工作中应防止硬杂物、长纤维进入，以免损坏机体。

（5）减速机连接法兰处有一油杯，需定期加油。

（6）螺杆泵长期不用时，须在定子胶套内涂无毒油脂加以保护。

（7）泵定子胶套系易损件，当泵的效率明显下降时须更换。

（8）工作时发现异常现象，应立即停机检查。

（9）根据下料情况及时打开、关闭螺杆泵，严禁空转。

（10）正常运转时，操作人员应注意力集中，发现情况及时停机，进行检修调整。

（11）工作结束后，应将机器冲洗干净，检修、加油。

（12）将工作场地打扫干净。

（三）带温控发酵罐

葡萄酒是由压榨后的葡萄汁液经过酵母发酵，将葡萄汁中的糖转化为酒精，从而形成的液体含酒精饮料，这一过程称为主发酵过程。将糖转变为酒精的过程是在发酵罐中进行的。葡萄酒的品质好坏，受主发酵过程影响最大，而如何控制发酵的温度，是控制葡萄酒质量的主要手段，因此主发酵罐通常需要具有温度控制装置（图 2-10）。

（四）澄清罐（后发酵罐）

澄清罐（图 2-11）是一个不锈钢立式贮罐，侧壁装有玻璃管液位计。主要作用是葡萄酒的第二阶段的苹果酸乳酸发酵和澄清。

图 2-10　葡萄酒发酵罐

图 2-11　葡萄酒澄清罐

（五）橡木桶

橡木桶（图 2-12）是橡木经过劈片、干燥、组合、加热熏烤和装盖检验等工序制成的木桶，主要用于葡萄酒的陈酿。通过橡木桶的陈酿，让葡萄酒通过适度的氧化使酒的结构稳定，并将木桶的香味溶入酒中，可赋予葡萄酒更加柔和的口感和更加丰富的香味物质。

（六）风冷箱式工业冷水机组

风冷箱式工业冷水机组（图 2-13）是一种通过蒸汽压缩或吸收式循环达到制冷效果的

机器，这些液体能够流过热交换器达到对空气或设备降温的目的。

图 2-12　橡木桶　　　　　　　　　　图 2-13　风冷箱式冷水机组

1. 风冷箱式工业冷水机组组成

本机由制冷系统、水循环系统和自动控制系统三部分组成，并自带不锈钢水箱。制冷系统由进口的全封闭制冷压缩机，高效的冷凝、蒸发系统及进口阀件组成；水循环系统由水泵及安全旁通阀组成；自动控制系统由智能温控仪及继电控制系统组成。

2. 操作注意事项

（1）定期清洗过滤网；使用 1～2 年后，用高压气枪清洗冷凝器。

（2）开机前，检查高压表与低压表，两表压力不得低于 0.4MPa。低于 0.4MPa，检漏，充氟。

（3）制冷运转，高压不得高于 2.8MPa；低压不得低于 0.2MPa。高压过高，清洗过滤网；检查制冷温度是否过高；检查风机是否正常。低压过低，检查系统是否泄漏；检查制冷温度设置是否过低。

（4）被冷却液体出口压力异常，检查管路是否异常或用手阀调节。

（5）水箱内清水应定期更换。

（6）制冷温度在 10～25℃可调。

五、葡萄酒生产

（一）葡萄的收集与运输

（1）葡萄主要从葡萄产地收集，收集的葡萄不能是已放很久的，以免水分蒸发太多，影响原料利用率。

（2）葡萄的运输是一个很重要的环节，运输不当往往会造成很大的损失。在运输时必须注意防止震荡，保持原料的完整性，以免细菌侵入，造成原料不能生产。尽量缩短中途停留时间，以免葡萄变质。

（二）原料的验收

每年 4～5 月份调查原料产区当年葡萄原料的收成情况及农药使用情况，确定采购区域，保证采购区域周围没有化学污染及该区域未使用国家禁止的农药。确定合格供应方，签订采购合同。

生产期间，葡萄验收按以下要求进行：

（1）必须是合格供应商提供的原料。

（2）农残检验报告。

（3）腐烂率超标（6%）的不收。

（4）质检员当场验收，不符合标准的不收。

（三）葡萄的预处理

步骤：初验合格的葡萄、称重计量，暂存。

葡萄在采收后表面常附有灰尘、碎叶等杂物，必须进行初步清洗，初步清洗有水流输送清洗和提升机喷淋清洗。在清洗时把黏附在原料上的泥土、杂质、粉尘、沙粒等洗掉，去除残留的农药和部分微生物，清洗环节必须符合食品卫生要求。

1. 分选

在拣选台上对葡萄进行拣选，把一些腐败的葡萄去除掉，一些杂质通过拣选台被拣出。以免下一步进行破碎时这些杂物进入葡萄浆中。

2. 除梗、破碎

根据葡萄破碎机的能力，均匀地把新鲜的葡萄输入破碎机里，注意捡出异、杂物。无论是做红葡萄酒还是做白葡萄酒，在葡萄破碎的同时，要均匀地加入 60mg/L 的 SO_2。根据葡萄质量的好坏，SO_2 的加入量可酌情增减。葡萄破碎时加入的 SO_2，可以通过亚硫酸的形式均匀地加入，也可以使用偏重亚硫酸钾，用软化水化开，根据计算的量均匀地加入。SO_2 能有效地抑制有害微生物的活动，防止葡萄破碎以后在输送、分离、压榨过程及其发酵以前的氧化。

（四）葡萄酒的发酵

1. 成分调整

调整酒度，一般葡萄含糖量 14～20g/100mL，因此只能生成 8～11.7 度的酒，而成品的酒精浓度要求 13～18 度，所以可根据生成 1 度酒精需要 2.17g 砂糖，计算出所需加糖量，并加入葡萄浆中。

2. 添加活性干酵母

无论是发酵红葡萄酒，还是发酵白葡萄酒，葡萄浆或葡萄汁入发酵罐以后，都要尽快地促进发酵，缩短预发酵的时间。因为葡萄浆或葡萄汁在发酵以前，一方面很容易受到氧化，另一方面也很容易遭受野生酵母或其他杂菌的污染。所以在澄清的葡萄汁或葡萄浆中应及时添加活性干酵母。要注意的是，活性干酵母的种类并不相同，有的适合于红葡萄酒的发酵，有的适合于白葡萄酒的发酵，有的适合于香槟酒的发酵。同样是适合白葡萄酒发酵的活性干酵母，不同的活性干酵母产酒风味也有差异。因此，应该根据所酿葡萄酒的种类和特点，来选购活性干酵母。

红葡萄酒是带皮发酵，刚入罐的葡萄浆，皮渣和汁不能马上分开，无法取汁，应该在葡萄入罐12h以后，自罐的下部取葡萄汁，与1∶1的软化水混合。取1份质量的活性干酵母与10份重的葡萄汁和软化水的混合物混合搅拌1h后，自发酵罐的顶部加入，然后用泵循环，使活性干酵母在罐里尽量达到均匀分布状态。

3. 发酵

前发酵过程：在葡萄酒发酵的过程里，酵母菌把葡萄果汁中的还原糖发酵成酒精和二氧化碳，这是葡萄酒发酵的主要过程，也称为前发酵。在成酒精的发酵过程中，由于酵母菌的作用及其他微生物如醋酸菌、乳酸菌的活动，在葡萄酒中形成其他的副产物，如挥发酸、高级醇、脂肪酸、酯类等，这类成分是葡萄酒二类香气的主要构成物。控制葡萄酒的发酵过程平稳地进行，就能保证构成葡萄酒二类香气的成分在葡萄酒中处于最佳的协调和平衡状态，从而提高葡萄酒的感官质量。

如果发酵速度过慢，一些细菌和劣质酵母的活动，可形成具有怪味的副产物，同时提高了葡萄酒中挥发酸的含量。如果发酵温度高，发酵速度过快，CO_2的急剧释放会带走大量的果香，因而所形成的发酵香气比较粗糙，质量下降。所以有效地控制发酵过程，是提高葡萄酒产品质量的关键工序。

首先要控制好葡萄酒发酵的温度。白葡萄酒的最佳发酵温度在14～18℃范围内，温度过低，发酵困难，加重浆液的氧化；温度过高，发酵速度太快，损失部分果香，降低了葡萄酒的感官质量。白葡萄酒的发酵罐，罐体外面应该有冷却带，或者在罐的里面安装冷擦板，因为在酒精发酵过程产生热量，使温度升高，所以要通过冷却控制发酵温度。

红葡萄酒发酵最适宜的温度范围在26～30℃，最低不低于25℃，最高不高于32℃。温度过低，红葡萄皮中的单宁、色素不能充分浸渍到酒里，影响成品酒的颜色和口味。发酵温度过高，使葡萄的果香遭受损失，影响成品酒香气。红葡萄酒的发酵罐，最好也能有冷却带或冷擦板，这样能够有效地控制发酵温度。

在葡萄酒发酵的过程中，葡萄汁的相对密度不断下降，按时测定发酵醪液的相对密度变化，可以掌握发酵的速度或断定是否停止发酵，从而为控制发酵过程提供依据。当通过比重计测葡萄醪液的含糖量接近零时，可以再通过分析滴定，测定葡萄酒的含糖量，当残糖降到0.2g/L以下时，意味着葡萄酒的前发酵过程已经完成（也可以通过相对密度确定：当葡萄酒的相对密度下降到1.020左右时即可转入后发酵）。前发酵时间一般为7～10d。

分离压榨：前发酵结束后，应立即将酒液与皮渣分离，避免过多单宁进入酒中，使酒的味道过分苦涩。

后发酵：充分利用分离时带入的少量空气，来促使酒中的酵母将剩余糖分继续分解，转化为酒精；同时，乳酸菌将葡萄酒中的苹果酸转化为乳酸，完成苹果酸-乳酸发酵，葡萄酒逐渐成熟，色、香、味逐渐趋向完整。在后发酵过程中，沉淀物逐渐下沉在容器底部，酒慢慢澄清。后发酵桶上面要留出5～15cm空间，因后发酵也会生成泡沫。后发酵期的温度控制在18～20℃，最高不能超过25℃。当相对密度下降到0.993左右时，发酵即告结束。一般需15～30d，才能完成后发酵。

后发酵结束后可以把葡萄酒装进橡木桶陈酿，也可以直接进行葡萄酒的发酵后处理。

（五）葡萄酒的发酵后处理

1. 澄清处理

澄清过滤用黑曲霉提取的发酵制剂进行澄清（也可用鸡蛋清、果胶酶等），经过滤除去酒中细渣，取得澄清的酒液。

2. 冷冻

葡萄酒在装瓶以前，要进行冷冻处理，除去多余的酒石酸盐，增加装瓶以后的稳定性。冷冻的温度，应该在葡萄酒的结冰点以上 1℃，如 12 度的葡萄酒结冰点在 −5.5℃，这样的葡萄酒冷冻温度应控制在 −4.5℃。冷冻温度达到工艺要求的温度后应该维持这个温度，保温 96h。

3. 过滤

冷冻保温时间到了后，要趁冷进行过滤。冷冻过滤的目的，一方面要达到澄清，另一方面要达到除菌。所以可把硅藻土过滤机和板框式除菌板过滤机连用，使冷冻的酒，先经过硅藻土过滤机进行澄清过滤，接着经过板框过滤机除菌过滤，就可以达到装瓶前的成品酒的要求。

4. 无菌灌装

前几年低度葡萄酒的灌装，多采用装瓶后杀菌的工艺，近几年这种工艺已经淘汰，而是采用无菌灌装的工艺。这种工艺要求空瓶洗净以后，要经过 SO_2 杀菌，无菌水冲洗，保证空瓶无菌。输酒的管路、盛成品酒的空压桶、连接高压桶和装酒机的管路及装酒机等，都要经过严格的蒸汽灭菌，保证输酒管路和装酒机无菌。无菌的成品酒在进入装酒机以前，还要经过膜式过滤器，再进行一次除菌过滤，防止有漏网的细菌或酵母菌装到瓶中。

六、产品的质量标准

1. 感官指标

颜色：紫红色，澄清透明，无杂质。

滋味：清香醇厚，酸甜适口。

香气：具有纯正、和谐的果香味和酒香味。

2. 理化指标

酒精度：≥7%（20℃，体积分数）。

柠檬酸：≤1.0g/L。

挥发酸（以乙酸计）：≤1.2g/L。

思考题

1. 葡萄酿造过程中，硫处理的作用有哪些？

2. 葡萄酒酿造过程中澄清的方法有哪些？

3. 影响葡萄酒质量的因素有哪些？是如何影响的？

实训三

酒精精馏操作实训

一、实验目的

了解精馏装置的基本流程及操作方法。

掌握精馏塔全塔效率的测定方法。

了解回流比、蒸气速度等对精馏塔性能的影响。

二、实验原理

1. 理论塔板数 N_T

理论板是指离开该塔板的气液两相互成平衡的塔板。一座给定的精馏塔，实际板数是一定的，其理论塔板数与它的总板效率的关系如下：

$$E_0 = \frac{N_T}{N_P} \times 100\% \tag{2.1}$$

式中　E_0——总板效率；

$\quad\quad N_T$——理论塔板数；

$\quad\quad N_P$——实际塔板数。

影响 N_T 的因素很多，有操作因素、设备结构因素和物系因素三类。某塔在某回流比下测得的全塔效率，只能代表该次试验的全部条件同时存在时全塔效率的值，不能简单地说就是某塔的效率，或者是某塔在某一回流比下的全塔效率。尽管如此，如果塔的结构因素固定、物系相同，影响的因素主要就是操作因素，而回流比的大小是操作因素中最重要的因素。众所周知，全回流操作所需理论塔板数最少，而且在全回流下，塔不分精馏段和提馏段，如果在全回流下测定总板效率，实验控制更为方便。有时，实验的目的是为了能被推广应用或者为了进行模拟以测定数据，就应使应用条件和实验条件一致，就有可能是指定某一回流比测定全塔效率。

全回流时最少理论塔板数 N_{min} 的计算可用芬斯克方程：

$$N_{min} = \frac{\lg\left[\left(\dfrac{x_D}{1-x_D}\right)\left(\dfrac{1-x_W}{x_W}\right)\right]}{\lg\alpha_m} - 1 \tag{2.2}$$

式中　x_D——塔顶馏出液中易挥发组分的摩尔分数；

$\quad\quad x_W$——塔釜液中易挥发组分的摩尔分数；

$\quad\quad \alpha_m$——平均相对挥发度。

$$\alpha_m = \sqrt{\alpha_D \alpha_W}$$

式中，α_D、α_W 分别表示塔顶和塔釜的相对挥发度。

在某一回流比下的理论塔板数的测定可用逐板计算法，一般用图解法。步骤如下：

（1）在直角坐标系中绘出待分离混合液的 x-y 平衡曲线。

（2）根据确定的回流比和塔顶产品浓度作精馏段操作线，方程式如下：

$$y_{n+1} = \frac{R}{R+1} x_n + \frac{x_D}{R+1} \tag{2.3}$$

式中　y_{n+1}——精馏段内从第 $n+1$ 块塔板上升蒸气的组成（摩尔分数）；

　　　x_n——精馏段内从第 n 块塔板下降的液体的组成（摩尔分数）；

　　　R——回流比。

$$R = \frac{L}{D} \tag{2.4}$$

式中　L——精馏段内液体回流量，kmol/h；

　　　D——塔顶馏出液量，kmol/h。

（3）根据进料热状况参数，作 q 线，方程式为：

$$y = \frac{q}{q-1} x - \frac{x_F}{q-1} \tag{2.5}$$

式中　x_F——进料料液组成（摩尔分数）；

　　　q——进料热状况参数。

$$q = \frac{每千摩尔进料变成饱和蒸气所需的热量}{进料的千摩尔汽化潜热}$$

对于泡点进料，$q=1$。

（4）由塔底产品浓度 x_W 和精馏段操作线与 q 线交点作提馏段操作线。

（5）图解法求出理论塔板数　如果使用填料塔，可根据等板高度的概念来进行计算，等板高度是与一层理论塔板的传质作用相当的填料层高度。等板高度的大小不仅取决于填料的类型与尺寸，而且受物系、操作条件及设备尺寸的影响。等板高度的计算，迄今尚无满意的方法，一般通过实验测定，或取生产设备的经验数据。

$$填料层高度\ Z = HETPN_T \tag{2.6}$$

或

$$HEPT = \frac{Z}{N_T}$$

2. 操作因素对塔性能的影响

对精馏塔而言，所谓操作因素主要是指如何正确选择回流比、塔内蒸气速度、进料热状况等。

（1）回流比的影响　对于一座给定的塔，回流比的改变将会影响产品的浓度、产量、塔效率和加热蒸汽消耗量等。

适宜的回流比 R 应该在小于全回流而大于最小回流比的范围内，通过经济衡算且满足产品质量要求来确定。

（2）塔内蒸气速度　塔内蒸气速度通常用空塔速度来表示。

$$u = \frac{q_V}{\frac{1}{4}\pi D_T^2} \tag{2.7}$$

式中　u——空塔气速，m/s；

　　　q_V——上升的蒸气体积流量，m^3/s；

　　　D_T——塔径，m。

对于精馏段

$$V = (R+1) D \tag{2.8}$$

$$q_V = \frac{22.4(R+1)D}{3600} \times \frac{p_0 T}{p T_0} \tag{2.9}$$

对于提馏段

$$V' = V + (q-1)F \tag{2.10}$$

式中　V'——提馏段上升蒸气量，kmol/h。

$$q'_V = \frac{22.4 V'}{3600} \times \frac{p_0 T}{p T_0} \tag{2.11}$$

可见，即使塔径相同，精馏段和提馏段的蒸气速度也不一定相等。

塔内蒸气速度与精馏塔关系密切。适当地选用较高的蒸气速度，不仅可以提高塔板效率，而且可以增大塔的生产能力。但是，如果气速过大，则会因为产生雾沫夹带及减少了气液两相接触时间而使塔板效率下降，甚至产生液泛而使塔被迫停止运行。因而要根据塔的结构及物料性质，选择适当的蒸气速度。

三、实验装置图

实验装置如图 2-14 所示。

四、实验操作步骤

（1）配制 20%～30%（体积分数）酒精水溶液由加料口注入塔釜内至液位计规定的液面为止，并关好塔釜加料口阀门。

（2）配制 20%～30%（体积分数）酒精水溶液加入原料槽中。

（3）再次确认塔釜液位在规定的标记处后，通电加热釜液。为加快预热速度，可将三组加热棒同时加热。

（4）当塔釜温度达到 100℃时，依次进行如下操作：

① 关闭第一组加热棒。

② 马上打开冷凝器不凝气体的排出阀，以排除系统内的空气，排完空气后即关闭此阀。

③ 打开产品放液阀放尽冷凝器及中间槽中的液体（可回收利用做配制原料），然后关闭。

④ 打开冷却水阀往冷凝器内通冷却水。

（5）把塔釜调节到 94～98℃，控制塔釜内的压力比大气压稍大一些。

（6）关闭产品流量计前的阀门，同时全开回流流量计前的阀门，进行全回流操作 7～10min。

（7）全回流结束后，慢慢开启产品流量计前的阀门（同时保持全开回流流量计前的阀门），此操作将导致回流流量计的流量降低与产品转子流量计的流量增大。调整产品流量计

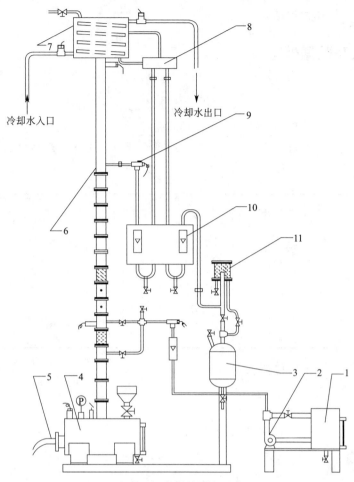

冷却水入口

冷却水出口

图 2-14 板式塔精馏实验装置

1—原料贮罐；2—原料泵；3—产品罐；4—塔釜；5—电加热器；6—塔体；

7—冷凝器；8—中间贮罐；9—温度探头；10—转子流量计；11—气液分离器

前的阀门的开度，使回流比在 1.9～4。接着打开进料泵，并调节适当的进料流量。

蒸馏操作要调节的参数较多，对于初次使用本设备的学生来说，难度较大，为了实验顺利，给出以下参数供操作时参考：

塔釜：温度控制在 94～98℃，压力控制比大气压稍大一些；

中间塔板温度：控制在 80～82℃；

塔顶蒸气温度：控制在 78～79℃；

回流流量：控制在 3～5 L/h；

产品流量：控制在 1～2L/h；

供料流量：控制在 6～10L/h。

（8）控制塔釜的排液量，使塔釜液位基本保持不变，或隔 15min 排釜液，使釜液保持一定液位（一般为 2/3）。

（9）稳定操作 15～30min 后，取样分析，用酒度计测产品和釜液浓度（釜液冷却至 30℃以下进行测量）。

（10）当产品浓度达到 88％～95％（体积分数），记录温度、压力、流量等全部数据，并填写下表，一个操作过程结束。

五、实验记录及数据处理

（1）实验记录表格

筛板塔精馏实验记录

设备编号_____；塔径_____m；板间距_____；塔板数_____；
精馏物系_____；进料量_____L/h；回流量____L/h；产品量 D_____L/h；
冷却水量_____L/h

进料		温度/℃				塔顶产品				塔釜产品				
温度/℃	摩尔分数 (x_F)	回流	塔釜	塔板	塔顶	温度/℃	酒度计示值	质量分数	摩尔分数 (x_D)	温度/℃	酒度计示值	质量分数	摩尔分数	加热功率/kW

（2）用图解法求理论塔板数 N_T。

（3）求总板效率 E_0。

 **思考题**

1. 影响塔板效率的因素有哪些？
2. 回流液温度对塔的操作有何影响？
3. 实验中要加大回流比，应如何操作？

食品工厂用板框过滤机操作实训

一、实验目的

了解板框过滤机的结构，掌握过滤操作方法。

测定恒压过滤时的过滤常数 K、q_e。

测定洗涤速率与过滤终了时速率的关系。

二、实验原理

恒压过滤基本方程式为

$$V^2 + 2V_e V = KA^2 t \tag{2.12}$$

式中　t——过滤时间，s；

V——t 内的滤液量，m^3；

V_e——过滤介质的当量滤液体积，m^3；

A——过滤面积，m^2；

K——过滤常数，m^2/s。

令 $q = V/A$、$q_e = V_e/A$ ，则上式变成

$$q^2 + 2q_e q = Kt \tag{2.13}$$

式中　q——单位过滤面积的滤液体积，m^3/m^2；

q_e——单位过滤面积的过滤介质的当量滤液体积，m^3/m^2。

其中 K、q_e 均称为过滤常数，由实验确定。

微分式(2.13)并整理得

$$\frac{dt}{dq} = \frac{2}{K}q + \frac{2}{K}q_e \tag{2.14}$$

式(2.14)表明，$\dfrac{dt}{dq}$ 与 q 呈直线关系，为了便于实验测定，$\dfrac{dt}{dq}$ 可用 $\dfrac{\Delta t}{\Delta q}$ 来代替，因此式(2.14)改写成

$$\frac{\Delta t}{\Delta q} = \frac{2}{K}q + \frac{2}{K}q_e \tag{2.15}$$

用一定过滤面积的板框过滤机，对待测料浆进行恒压过滤，测取一系列的 Δt 和 Δq 值，

在直角坐标系中以 $\dfrac{\Delta t}{\Delta q}$ 为纵坐标，以 q 为横坐标作图，得一直线，其斜率为 $\dfrac{2}{K}$，截距为

$\dfrac{2}{K}q_e$，由此求得 K、q_e。

注意：与 $\dfrac{\Delta t}{\Delta q}$ 对应的 q 值应取相邻两次的平均值 q_m，即

$$q_m = \frac{q_i + q_{i+1}}{2} \tag{2.16}$$

因为无法准确观察何时滤渣充满滤框，所以确定过滤终了时的速率较为困难，只能从滤液量的显著减少来估计过滤终端。维持与过滤相同的压力，通入洗涤水，记录洗涤水量和洗涤时间，便可算出洗涤速率。

三、实验装置

过滤实验装置由配料桶、搅拌桶、水槽、板框过滤机、计量筒、循环泵、压缩机等部分组成，其流程如图 2-15 所示。

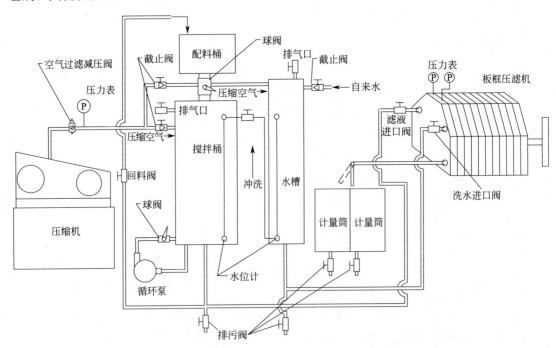

图 2-15　食品工厂用板框过滤机过滤实验装置

在配料桶内配制一定浓度的碳酸镁（$MgCO_3$）悬浮液，再放入搅拌桶内，用压缩空气将悬浮液送入板框过滤机过滤，调节阀门开度以维持恒压过滤时所需的恒定压力，滤液流入计量筒计量，洗涤水同样也用压缩空气从水槽送至板框过滤机进行洗涤，洗涤水也用计量筒计量。

四、实验操作步骤

（1）实验前将固体粉末在配料桶内加水配制成一定浓度的悬浮液，如碳酸镁水悬浮液进行实验，建议料浆浓度配成 $6\% \sim 9\%$（质量分数）。

（2）关闭所有阀门。

（3）打开搅拌桶的排气阀，待没有气体排出后，再慢慢打开配料桶下的球阀，将配制好的碳酸镁滤浆放入搅拌桶内，关闭此球阀和排气阀。

（4）按板、框的号数以 1—2—3—4—5—6—7—8—9—10—11 的顺序排列过滤机的板与框，把滤布用水浸透，再将湿滤布敷以滤框的两侧。安装时，滤布孔要对准过滤机的孔道，表面要平整，不起皱纹，以免漏液。然后用压紧螺杆压紧板与框。

（5）两计量筒分别装入 70cm 高的水，准备两个秒表计时。

（6）启动压缩机，调节空气过滤减压阀使压力表的读数稳定在 0.15MPa，打开循环泵的进出两个球阀，启动循环泵，使滤浆充分搅拌几分钟，再开搅拌桶的进气阀，待压力表的读数稳定在 0.15MPa，就可以准备做实验。

（7）打开滤液进口阀，滤液出口阀（两个），滤液流入计量筒计量，测取有关数据。待滤渣充满全部滤框后（此时流量很小，但仍呈线状流出），关闭循环泵停止搅拌，关闭压缩机，关闭滤液进、出口阀，关闭搅拌桶的进气阀。

接着可以测定洗涤速率：

① 首先打开水桶的进水阀和水桶的排气螺钉，将水放进水槽，关闭它们。打开水桶的进气阀，待压力表的读数稳定在 0.15MPa，就可以准备做洗涤实验。打开洗涤水进、出口阀，洗涤水穿过滤渣层后流入计量筒，测取有关数据。测量完毕，关闭压缩机，关闭洗涤水进、出口阀，关闭水桶的进气阀。

② 洗涤完毕后，旋开压紧螺杆并将板、框拉开（如要测定滤浆浓度或滤渣的含水量，取一定数量的湿滤渣样品，进行烘干，便可求出滤浆的浓度），卸出滤渣（可将湿滤渣收集起来，作为下次配制悬浮液时之用），清洗滤布，整理板、框重新装合，进行下一个操作循环。

③ 实验结束后，首先用压缩空气把搅拌桶内剩余的物料压上配料桶，马上关闭这个球阀。

④ 再打开两水位计之间的球阀，关闭搅拌桶的进气阀，打开水桶的进气阀，用压缩空气把水槽内的清水压入搅拌桶内清洗循环泵和搅拌桶（循环泵得开启搅拌几分钟），停泵关气，排出清洗液。反复几次，使循环泵内清洁为止。以免剩余悬浮液沉淀、堵塞泵、管道、阀门等。

五、实验记录与数据整理

设备编号＿＿＿＿＿＿＿＿＿＿＿＿ ；过滤面积＿＿＿＿＿＿＿＿＿＿＿＿＿＿＿＿＿＿ ；

料浆种类、浓度＿＿＿＿＿＿＿＿＿＿＿ ；温度 ＿＿＿＿＿＿＿＿＿＿＿＿＿＿ ℃

序号	时间 t /s	滤液量 V/m³	q /(m³/m²)	Δt /s	Δq /(m³/m²)	$\Delta t/\Delta q$ /(s/m)	q_m /(m³/m²)
1							
2							
3							
4							
5							
6							
7							
8							
9							

洗涤记录表与上表相似。

1. 过滤开始时，为什么滤液有些混浊？

2. 若操作压力增加一倍，K 值是否也增加一倍？要得到同样的滤液量时，其过滤时间是会否缩短一半？

3. 如果滤液的黏度较大，你考虑用什么方法改善过滤速率？

食品加工热风干燥操作实训

一、实验目的

了解气流常压干燥设备的基本流程和工作原理。

掌握物料干燥速率曲线的测定方法。

测定物料在恒定干燥条件下的干燥速率曲线及传质系数 k_H。

二、实验原理

物料干燥速率 U 与物料含水量 X 的关系曲线称为干燥速率曲线，其具体形状与物料性质及干燥条件有关，分析干燥速率曲线可知，如忽略预热阶段，物料的干燥过程基本上可分为等速干燥阶段和降速干燥阶段。

干燥速率是指单位时间内从被干燥物料的单位面积上所汽化的水分质量，可表示为

$$U = \frac{dW}{A \, d\tau} \tag{2.17}$$

式中　U——干燥速率，$kg/(m^2 \cdot s)$；

　　　A——被干燥物料的干燥面积，m^2；

　　　τ——干燥时间，s；

　　　W——从被干燥物料中汽化的水分量，kg。

为了便于方便处理实验数据，上式可改写为

$$U = \frac{\Delta W}{A \, \Delta \tau} \tag{2.18}$$

$$\Delta W = G_{si} - G_{s(i-1)} \tag{2.19}$$

因为此时所得的干燥速率 U 是在时间间隔为 $\Delta \tau$ 的平均干燥速率，所以与之对应的物料干基含水量应为

$$\bar{X}_{i,\,i+1} = \frac{X_i + X_{i+1}}{2} = \frac{W_i + W_{i+1}}{2G_C} \tag{2.20}$$

式中　X——干基含水量，kg 水/kg 绝干物料量；

　　　G_C——绝干物料量，kg。

按实验数据，由干燥速率对物料的干基含水量进行标绘，即可得到干燥速率曲线。

当物料在恒定的干燥条件下进行干燥的时候，物体表面与空气之间的传热和传质过程分别用下面的式子表示：

$$\frac{dQ}{A d\tau} = \alpha(t - t_W) \qquad (2.21)$$

$$\frac{dW}{A d\tau} = k_H(H_W - H) \qquad (2.22)$$

式中　Q——由空气传给物料的热量，kJ；

α——由空气至物料表面的对流传热系数，kW/(m² · ℃)；

t——空气温度，℃；

k_H——以湿度差为推动力的传质系数，kg/(m² · s)；

t_W——湿物料的表面温度（即空气的湿球温度），℃；

H——空气的湿度，kg 水/kg 干空气；

H_W——t_W 时空气的饱和湿度，kg 水/kg 干空气。

　　恒定的干燥条件，是指空气的温度、湿度、流速及与物料的接触方式都保持不变，因此，随空气条件而定的 α 和 k_H 亦保持恒定值。只要水分由物料内部迁移至表面的速率大于或等于水分从表面汽化的速率，则物料的表面就能保持完全润湿。若不考虑辐射对物料温度的影响，湿物料表面的温度即为空气的湿球温度 t_W。当 t_W 值为一定时，H_W 值也保持不变，所以 $\alpha(t - t_W)$ 和 $k_H(H_W - H)$ 的值也保持不变，即 $\dfrac{dQ}{A d\tau}$ 和 $\dfrac{dW}{A d\tau}$ 均保持恒定。

　　因在恒速干燥阶段中，空气传给物料的显热等于水分汽化所需之潜热，即：

$$dQ = r_W dW \qquad (2.23)$$

式中　r_W——t_W 时水的汽化潜热，kJ/kg。

　　因此有：

$$\frac{dW}{A d\tau} = \frac{dQ}{r_W A d\tau} = k_H(H_W - H) = \frac{\alpha}{r_W}(t - t_W) \qquad (2.24)$$

　　传质系数 k_H 可由式(2.24)求取，式中 α 可用下式求得。对于静止的物料层，当空气流动方向平行于物料表面、空气的质量流速 $G = 0.7 \sim 8.5$ kg/(m² · s) 时

$$\alpha = 14.3 G^{0.8}$$

式中　α——对流传热系数，W/(m² · ℃)。

三、实验装置

　　参看图 2-16，空气由风机输送，经孔板流量计，再经电加热器后流过干燥室，然后回入风机循环使用。

　　电加热器由 XTA-7000 型双三位智能数显调节仪设定操作温度，并使实验的空气温度恒定，本装置配备 XTG-7000 型双三位智能数显调节仪，可以直观地操作及显示实验过程中的空气温度，使之恒定，干燥室前方，装有干、湿球温度探头，干燥室也装有温度探头，用以测量干燥室内的空气状况。

　　装在风机出口端的热电阻探头用于测量流经孔板时的空气温度，此温度是计算流量的一个参数。空气流速由阀 14（蝶形阀）调节。任何时候此阀都不允许全关，否则电加热器就会因空气不流动而过热，引起损坏。当然，如果全开了两个片式阀门（2 和 13）则除外。风机进口端的片式阀用以控制系统所吸入的新鲜空气量，而出口端的片式阀则用于调节系统向

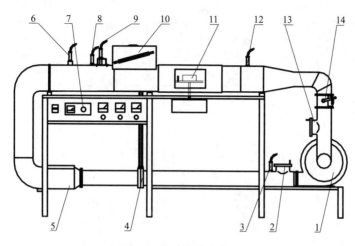

图 2-16　干燥实验装置

1—风机；2，13—片式阀门；3，6，8，12—热电阻探头；4—孔板流量计；5—电加热器；7—电器板；
9—湿球温度探头；10—孔板压差计；11—电子秤；14—风速调节阀

外界排出的废气量。如试样数量较多，可适当打开这两个阀门，使系统内空气温度恒定，若试样数量不多，也可以不开启。

四、实验操作步骤

（1）将试样加水约 90g（对 150mm×100mm×7mm 的纸板试样而言），稍候片刻，让水分均匀扩散至整个试样，然后称取湿试样质量。

（2）检查天平是否灵活，并调整至平衡。往湿球温度计加水，开动风机，调节阀门至预定风速值。打开电加热器，调节温度至预定值，待温度稳定后再将湿物料试样放入干燥箱。

（3）加砝码使天平接近平衡但砝码稍轻，待试样水分干燥至天平指针平衡时启动第一个秒表记录干燥时间，同时记录试样的质量。

（4）减去砝码 3g，待水分再次干燥至天平指针平衡时，停第一个秒表同时启动第二个秒表。以后再减 3g 砝码，如此往复进行，直至试样接近平衡水分时为止。

五、实验记录及数据处理

设备编号＿＿＿＿＿＿＿＿＿＿＿；纸板规格＿＿＿＿＿＿＿＿＿＿＿；

绝干纸板质量＿＿＿＿＿＿＿＿；开始时湿纸板质量＿＿＿＿＿＿；

干燥表面积＿＿＿＿＿＿＿＿＿；室温＿＿＿＿＿＿＿＿＿＿＿

序号	湿试样质量 G_s/g	时间间隔 $\Delta\tau$/s	流量计示值 R/mmH$_2$O	风机出口温度 T/℃	干燥室前温度 t_1/℃	湿球温度 t_w/℃	干燥室后温度 t_2/℃	计算结果	
								干燥速率 U /[kg/(m²·s)]	干基含水量 $\bar{X}$ /(kg/kg绝干料)
1 2 3 4 5									

续表

序号	湿试样质量 G_s/g	时间间隔 $\Delta\tau$ /s	流量计示值 R /mmH$_2$O	风机出口温度 T/℃	干燥室前温度 t_1/℃	湿球温度 t_w/℃	干燥室后温度 t_2/℃	计算结果	
								干燥速率 U /[kg/(m^2·s)]	干基含水量 $\bar{X}$ /(kg/kg 绝干料)
6									
7									
8									
9									
10									
11									
12									
13									
14									
15									
16									
17									
18									
19									
20									
21									
22									
23									
24									
25									
26									

序号	计算结果	
	α /[W/(m^2·℃)]	k_H/[kg/(m^2·s)]
1		
2		
3		
4		
5		
6		
7		
8		
9		
10		
11		
12		
13		
14		
15		
16		
17		
18		
19		
20		
21		
22		

续表

序号	计算结果	
	α /[W/(m² · ℃)]	k_H/[kg/(m² · s)]
23		
24		
25		
26		

根据所得数据作出干燥速率曲线。

 **思考题**

1. 测定干燥速率曲线有何意义？它对设计干燥器及指导生产有什么帮助？
2. 使用废气循环对干燥作业有何意义？怎样调节新鲜空气和废气的比例？
3. 为什么在操作过程中要先开鼓风机送风后再开电热器？

实训六

食品工厂尾气吸收操作实训

一、实验目的

熟悉填料吸收塔的构造和吸收流程。

掌握总吸收系数 K_Y 的测定方法。

了解气体空塔速度和喷淋密度对总吸收系数的影响。

了解气体流速与压强降的关系。

二、实验原理

1. 填料塔流体力学特性

填料塔流体力学特性包括压强降和液泛规律。在计算输送气体所需用动力时，必须知道压强降的大小。而确定吸收塔的气、液负载量时，则必须了解液泛的规律，所以测量流体力学性能是吸收实验的一项内容。

实验可用空气与水进行。在各种喷淋量下，逐步增大气速，记录必要的数据直至刚出现液泛时止。但必须注意，不要使气速过分超过泛点，避免冲跑和冲破填料。

2. 总吸收系数 K_Y 的测定

（1）总吸收系数的计算公式　填料层的高度为

$$Z = \int_0^Z \mathrm{d}Z = \frac{V}{K_Y a\Omega} \int_{Y_2}^{Y_1} \frac{\mathrm{d}Y}{Y - Y^*} \tag{2.25}$$

式中　Z——填料层的高度，m；

$\quad\quad V$——惰性气体流量，kmol/s；

$\quad\quad K_Y$——以 ΔY 为推动力的气相总吸收系数，kmol/(m² · s)；

$\quad\quad a$——每立方米填料的有效气液传质面积，m²/m³；

$\quad\quad K_Y a$——体积传质系数，kmol/(m³ · s)；

$\quad\quad \Omega$——塔的横截面积，m²；

$\quad\quad Y$——混合气体中溶质与惰性组分的摩尔比，kmol(溶质)/kmol（惰性组分）；其中下标 1 表示浓端，下标 2 表示稀端，Y^* 表示平衡时气相中溶质与惰性组分的摩尔比。

气体逆流操作吸收时操作线方程为：

$$Y = \frac{L}{V}X + \left(Y_1 - \frac{L}{V}X_1\right) \tag{2.26}$$

式中　L——通过吸收塔的溶剂量，kmol/s；

　　　X——组分在液相中的摩尔比。

在稳定条件下，由于 L、V、X_1、Y_1 均为定值，故操作线是一条直线，它描述了塔的任意截面上气、液两相浓度之间的关系。

根据亨利定律，有：

$$Y^* = \frac{mX}{1+(1-m)X} \tag{2.27}$$

式中　m——相平衡常数，无量纲。

当吸收为低浓度吸收时，溶液浓度很低，分母趋近于 1，这时：

$$Y^* = mX \tag{2.28}$$

相平衡线也是一条直线。

本实验为低浓度吸收，操作线和平衡线均可看作直线，浓端推动力 $\Delta Y_1 = Y_1 - Y_1^*$，稀端推动力 $\Delta Y_2 = Y_2 - Y_2^*$。

又：
$$\frac{\mathrm{d}(\Delta Y)}{\mathrm{d}Y} = \frac{\Delta Y_1 - \Delta Y_2}{Y_1 - Y_2}，\quad \mathrm{d}Y = \frac{\mathrm{d}(\Delta Y)}{\dfrac{\Delta Y_1 - \Delta Y_2}{Y_1 - Y_2}}$$

$$\int_{Y_2}^{Y_1} \frac{\mathrm{d}Y}{Y - Y^*} = \int_{\Delta Y_2}^{\Delta Y_1} \frac{(Y_1 - Y_2)\mathrm{d}(\Delta Y)}{(\Delta Y_1 - \Delta Y_2)\Delta Y} = \frac{Y_1 - Y_2}{\Delta Y_1 - \Delta Y_2} \int_{\Delta Y_2}^{\Delta Y_1} \frac{\mathrm{d}(\Delta Y)}{\Delta Y}$$

$$= \frac{Y_1 - Y_2}{\Delta Y_1 - \Delta Y_2} \ln \frac{\Delta Y_1}{\Delta Y_2} = \frac{Y_1 - Y_2}{\Delta Y_m} \tag{2.29}$$

$$\Delta Y_m = \frac{\Delta Y_1 - \Delta Y_2}{\ln \dfrac{\Delta Y_1}{\Delta Y_2}} = \frac{(Y_1 - Y_1^*) - (Y_2 - Y_2^*)}{\ln \dfrac{Y_1 - Y_1^*}{Y_2 - Y_2^*}}$$

式中　ΔY_m——塔顶与塔底两截面上吸收推动力的对数平均值，称为对数平均推动力。

将式（2.29）代入式（2.25），得：

$$Z = \frac{V}{K_Y a\Omega} \times \frac{Y_1 - Y_2}{\Delta Y_m}$$

移项得：

$$K_Y = \frac{V}{Za\Omega} \times \frac{Y_1 - Y_2}{\Delta Y_m} \tag{2.30}$$

式（2.30）中的 a 一般不等于干填料的比表面积 a_t，而应乘以填料的表面效率 η。

$$a = \eta a_t$$

η 可根据最小润湿率分率由图 2-17 查出。

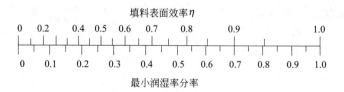

图 2-17　填料表面效率与最小润湿率分率的关系

一般填料规定的最小润湿率为 $0.08\mathrm{m}^3/(\mathrm{m} \cdot \mathrm{h})$。

$$操作润湿率 = \frac{液体喷淋密度}{a_t} [\mathrm{m}^3/(\mathrm{m} \cdot \mathrm{h})]$$

$$最小润湿率分率 = \frac{操作的润湿率}{规定的最小润湿率}$$

（2）总吸收系数 K_Y 的求法　从式（2.30）可见，要测定 K_Y 值，应把公式两边各项分别求出。在本实验中 Y_1 由测定进气中的氨量和空气量求出，Y_2 由尾气分析器测出，a 值由上述方法求出，Y^* 由平衡关系求出。下面介绍整理数据的步骤。

① 求空气流量：标准状态的空气流量 q_{V0} 用下式计算：

$$q_{V0} = q_{V1} \times \frac{T_0}{p_0} \sqrt{\frac{p_1 p_2}{T_1 T_2}} \ (\mathrm{m}^3/\mathrm{h}) \tag{2.31}$$

式中　q_{V1}——空气流量计示值，m^3/h；

T_0，p_0——标准状态下空气的温度和压强，K，Pa；

T_1，p_1——标定状态下空气的温度和压强，K，Pa；

T_2，p_2——操作状态下空气的温度和压强，K，Pa。

② 求氨气流量：标准状态下氨气流量 q'_{V0} 用下式计算：

$$q'_{V0} = q'_{V1} \times \frac{T_0}{p_0} \sqrt{\frac{\rho_{01} p_2 p_1}{\rho_{02} T_2 T_1}} \tag{2.32}$$

式中　q'_{V1}——氨气流量计示值，m^3/h；

ρ_{01}——标准状态下空气的密度，$\mathrm{kg/m}^3$；

ρ_{02}——标准状态下氨气的密度，$\mathrm{kg/m}^3$。

若氨气中含纯氨为 98%，则纯氨在标准状态下的流量 q''_{V0} 可用下式计算：

$$q''_{V0} = 0.98 q'_{V0} \tag{2.33}$$

③ 计算混合气体通过塔截面的摩尔流速

$$G = \frac{q_{V0} + q'_{V0}}{22.4 \times \frac{\pi}{4}D^2} \tag{2.34}$$

式中　D——填料塔内径，m。

④ 求进气浓度

$$Y_1 = \frac{n_1}{n_2} \tag{2.35}$$

式中　n_1——进塔混合气中氨气的物质的量；

n_2——进塔混合气中空气的物质的量。

根据理想气体状态方程式：

$$n_1 = \frac{p_0 q''_{V0}}{RT_0} , \ n_2 = \frac{p_0 q_{V0}}{RT_0}$$

所以：

$$Y_1 = \frac{q''_{V0}}{q_{V0}} \tag{2.36}$$

⑤ 计算 V

$$V = \frac{q_{V0}}{M}\rho_{01}$$

式中 M——空气的平均摩尔质量，kg/kmol，可取 28.96。

⑥ 平衡关系式：如果水溶液是 <10% 的稀溶液，平衡关系服从亨利定律。则：

$$Y^* = mX \tag{2.37}$$

式中 m——相平衡常数。

$$m = \frac{E}{p}$$

式中 E——亨利系数，Pa；

p——系统总压强，Pa。

$p =$ 大气压 + 塔顶表压 + 1/2 塔内压差。

$$E = \frac{p^*}{X} \tag{2.38}$$

式中 p^*——平衡时的氨气分压，mmHg（1mmHg=133.322Pa，下同）或 Pa。

由式(2.38)可以计算出亨利系数。通常资料中记载的是较浓的氨液的亨利系数，本实验中的溶液较稀，氨的亨利系数有所变化。当液相浓度（摩尔分数）≤0.05 时，可从图 2-18 查取。

⑦ 计算 Y_2：计算式见式(2.41a)。

⑧ 求出塔液相浓度 X_1：根据物料衡算方程：

$$V(Y_1 - Y_2) = L(X_1 - X_2)$$

又进塔液相为清水，即 $X_2 = 0$，则：

$$X_1 = \frac{V}{L}(Y_1 - Y_2) \tag{2.39}$$

⑨ 计算 ΔY_m：ΔY_m 为对数平均推动力，注意：因为 $X_2 = 0$，所以 $Y_2^* = 0$。

⑩ 计算 $Za\Omega$：最后可求出 K_Y。

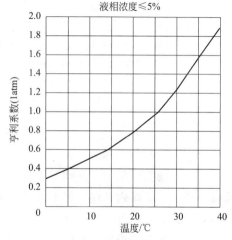

图 2-18 NH₃ 的亨利系数
1atm=101325Pa，下同

3. 传质单元高度的确定

根据式 $\qquad Z = H_{OG}Z_{OG} \tag{2.40}$

式中 H_{OG}——气相总传质单元高度，m；

Z_{OG}——气相总传质单元数。

Z 已知，Z_{OG} 求出后，H_{OG} 则可求。

三、实验装置

实验装置如图 2-19 所示。

四、操作步骤

1. 填料塔流体力学测定操作

（1）开动供水系统，开动供水系统中的滤水器时，要注意首先打开出水端阀门，再慢慢打开进水阀，如果在出水端阀门关闭情况下开进水阀，则滤水器可能超压。

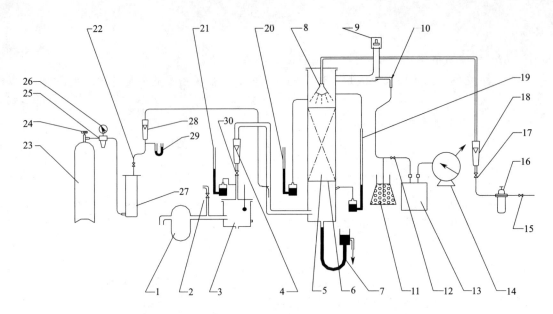

图 2-19　尾气吸收装置图

1—风机；2—空气调节阀；3—油分离器；4—空气流量计；5—填料塔；6—栅板；7—排液管；

8—莲蓬头；9—尾气调压阀；10—尾气取样管；11—稳压瓶；12—考克；13—吸收盒；

14—湿式气体流量计；15—总阀；16—水过滤减压阀；17—水调节阀；18—水流量计；

19—压差计；20—塔顶表压计；21、29—表压计；22—温度计；23—氨瓶；

24—氨瓶阀；25—氨自动减压阀；26—氨压力表；27—缓冲罐；

28—转子流量计；30—闸阀

（2）开动空气系统，开动时要首先全开叶氏风机的旁通阀，然后再启动叶氏风机，否则风机一开动，系统内气速突然上升可能撞坏空气流量计的转子。风机启动后再通过关小旁通阀的方法调节空气流量。

同理，实验完毕要停机时，也要全开旁通阀，待转子降下来以后再停机。如果突然停机，气流突然停止，转子就会猛然摔下，撞坏流量计。

（3）一般总是慢慢加大气速到接近液泛，然后回复到预定气速再进行正式测定，目的是使填料全面润湿一次。

（4）正式测定时固定某一喷淋量，测定某一气速下填料的压降，按实验记录表格记录数据。

2．传质系数测定的操作

（1）事先确定好操作条件（如氨气流量、空气流量、喷淋量），准备好尾气分析器，用前述方法开动供水系统，一切准备就绪后再开动氨气系统。实验完毕随即关闭氨气系统，以尽可能节约氨气。空气系统的关闭方法见前述。

（2）氨气系统的开动方法：事先要了解氨气自动减压阀的构造。开动时首先将自动减压阀的弹簧放松，使自动减压阀处于关闭状态，然后稍开氨气瓶瓶顶阀，此时自动减压阀的高压压力表应有示值。接下来先关好氨气转子流量计前的调节阀，再缓缓压紧减压阀的弹簧，使阀门打开，同时注视低压氨气压力表，至压力表的示值达到 $5\times10^4\sim8\times10^4\,\mathrm{Pa}$ 时即可停止。然后用转子流量计前的调节阀调节流量，便可正常使用。关闭氨气系统的步骤与打开相反。

五、尾气浓度的测定方法

1. 尾气分析仪

尾气分析仪（图2-20）由取样管3、吸收管8、湿式气体流量计组成，在吸收管中装入一定浓度、一定体积的稀硫酸作为吸收液并加入指示剂（甲基红），当被分析的尾气样品通过吸收管后，尾气中的氨被硫酸吸收，其余部分（空气）由湿式气体流量计计量。由于加入的硫酸量和浓度是已知量，所以被吸收的氨量便可计算出来。湿式气体流量计所计量的空气量可以反映出尾气的浓度，空气量愈大表示浓度愈低。

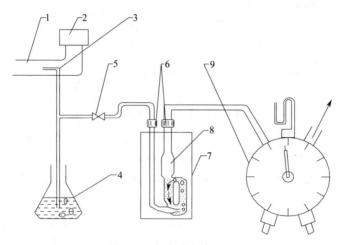

图2-20　尾气分析仪流程

1—尾气管；2—尾气调压阀；3—取样管（管口对正气流方向）；4—稳压瓶；5—玻璃旋塞；

6—快装接头；7—吸收盒；8—吸收管；9—湿式气体流计

2. 操作方法

分析操作开始时先记录湿式气体流量计的初始值，然后开启玻璃旋塞5让尾气通过取样管并观察吸收液的颜色（吸收管是透明的，可以看清吸收液的颜色），当吸收液刚改变颜色（由红变黄）时，表示吸收到达终点，应立即关闭玻璃旋塞5，读取湿式气体流量计终示值。操作时要注意控制玻璃旋塞5的开度，使尾气呈单个气泡连续不断地进入吸收管。如果开度过大，气泡呈大气团通过，则吸收不完全；开度过小，则拖延分析时间。

3. 尾气浓度的计算

尾气通过吸收器，当其中的硫酸被尾气中的氨刚好中和完全时，若所通过的空气体积为V_0（mL）（标准状态），被吸收的氨的体积为V''_0（mL）（标准状态），则尾气浓度Y_2为

$$Y_2 = \frac{V''_0}{V_0} \tag{2.41a}$$

计算Y_2时，由湿式气体流量计测得的空气体积V_1换算为标准状态下的空气体积V_0，换算公式为

$$V_0 = \frac{p_1 T_0}{p_0 T_1} V_1 \tag{2.41b}$$

式中　V_1——湿式气体流量计所测得的空气体积，mL；

p_1，T_1——空气流经湿式气体流量计的压强和温度；

p_0，T_0——标准状态下空气的压强和温度。

氨的体积 V''_0 可根据加入吸收管的硫酸溶液体积和浓度用下面公式求出：

$$V''_0 = \frac{22.1 V_s c_s r''}{r_s} \qquad (2.42)$$

式中　c_s——硫酸浓度，mol/L；

　　　V_s——硫酸体积，L；

　　　r_s——反应式中硫酸配平系数，对于本实验，$r_s = 1$；

　　　r''——反应式中氨配平系数，对于本实验，$r'' = 2$。

因此，尾气的摩尔比可用下式求出：

$$Y_2 = 22.1 \left(\frac{T_1 p_0}{T_0 p_1} \times \frac{V_s c_s r''}{V_1 r_s} \right) \qquad (2.43)$$

六、实验记录

填料塔流体阻力实验记录表

1. 基本数据

实验介质：空气、水；填料种类：拉西环；填料层高度：_____ m；

塔内径：_____ m；填料规格：12mm×12mm×1.3mm。大气压强：_____ Pa

2. 操作记录

序号	空气流量(流量计标定状态 $T=$ 　K，$p=$ 　Pa)				水流量（流量计示值流量）/(L/min)，水温/℃	填料层压强/Pa	塔内现象
	流量示值	流量计前压强/Pa	温度/℃	流量(标定状态)/(m³/h)			

注：塔内现象栏用以记录"塔顶积液、雾沫夹带严重"等现象。

传质系数测定记录表

1. 基本数据

气体种类：氨、空气混合气；吸收剂：水；填料种类：拉西环；

填料装填高度：_____ m；填料规格：_____（外径×高×壁厚）；

比表面积：_____ m²/m³；塔内径：_____ m。

2. 操作记录

大气压强_____ Pa

序号 项目		1	2	3	4
空气	流量计前表压强/Pa				
	流量计指示值/(m³/h)				
	温度/℃				
氨气	流量计前表压强/Pa				
	流量计指示值/(m³/h)				
	空气温度/℃				

续表

项目 \ 序号		1	2	3	4
水	流量计指示值/(L/h) 温度/℃				
尾气分析	吸收液：　空气体积/L：				
	吸收液浓度：　空气温度/℃：				
	吸收液体积：　尾气浓度 Y_2：				
压强	塔顶压强表压/Pa 塔顶塔底压强差/Pa 塔内平均压强(绝对压强)/Pa				
备注					

七、数据处理

计算不同气速下的 K_Y，并进行比较。

注意事项

1. 调节流量应缓慢，以免损坏转子流量计的玻璃锥管和转子等元件。

2. 调节氨减压阀不可太猛，以免氨气冲出。

3. 应稳定一段时间后再读取数据，有关数据应同时读取。

4. 发现设备异常或操作不正常时，应及时报告指导教师。

思考题

1. 填料吸收塔塔底为什么必须有液封装置？液封装置是如何设计的？

2. 可否改变空气流量达到改变传质系数的目的？

3. 不改变进气浓度，要提高氨水浓度，有什么办法？又会带来什么问题？

◆ 参考文献 ◆

［1］ 潘思轶.食品工艺学实验.北京：中国农业出版社，2015.

［2］ 蒲彪，张坤生.食品工艺学.北京：科学出版社，2014.

［3］ 曾庆孝.食品加工与保藏原理.第 3 版.北京：化学工业出版社，2015.

［4］ 严泽湘.肉类食品加工技术.北京：化学工业出版社，2014.

［5］ 赵百忠.食品加工实训教程.北京：中国轻工业出版社，2015.

［6］ 李云飞，葛克山.食品工程原理.第 3 版.北京：中国农业大学出版社，2014.

［7］ 赵征.食品工艺学实验技术.北京：化学工业出版社，2009.

［8］ 蔺毅峰.食品工艺实验与检验技术.北京：中国轻工业出版社，2005.

［9］ 汪志君，韩永斌，姚晓玲.食品工艺学.北京：中国质检出版社、中国标准出版社，2012.

［10］ 陈锦屏，田呈瑞.果品蔬菜加工学.西安：陕西科学技术出版社，1994.

［11］ 郭梅，刘金福，马俪珍.食品工艺学实验指导书.天津：天津农学院，2008.

［12］ 赵晋府.食品工艺学.北京：中国轻工业出版社，2004.

［13］ 马汉军，秦文.食品工艺学实验技术.北京：中国计量出版社，2009.